U0173479

茶食

王金平　殷剑◎总主编

李金◎编著

中国茶文化精品文库

中国旅游出版社

前　言

　　中国是茶的故乡，也是茶文化的发祥地，中华茶文化源远流长。茶为国饮，"茶食"一词最早见于《大金国志·婚姻》记载："婿纳币，皆先期拜门，亲属偕行，以酒馔往，少者十余车，多至十倍。……酒三行，进大软脂小软脂，如中国寒具，又进蜜糕，人各一盘，曰茶食。"茶食历史悠久，我国古代先民最早对于茶的利用，也是从食用开始的。至今在我国少数民族地区，还保留着如凉拌茶、酸茶等茶的食用方法。茶食和茶宴的形成与发展，是古代吃茶法的延续和拓展；同时，茶食还处于蓬勃发展的浪潮之中，目前种类繁多、工艺先进、营养丰富，深受消费者喜爱。"茶食"一词的概念也十分宽泛，既指含茶成分的食品饮料等，又指在饮茶同时食用的点心食品。随着现代工业化发展，茶粉、抹茶等食品加工工艺的进步，如茶巧克力、抹茶蛋糕等茶食越来越多地受到消费者青睐。日常家庭烹饪中，也可以利用茶作为原材料，制作美味营养的茶膳、茶宴。茶食可以更好地利用茶叶中不溶于水的营养物质，如脂溶性维生素和无机矿物质等。科学合理地开发和利用茶食，将对茶食产业的发展产生积极作用。本书将对茶食进行全面系统的介绍，包括茶食的分类、制作工艺和营养价值，以及茶食的典故与文化，融知识性与趣味性于一体，可为茶学教学科研提供理论指导，还可为茶食品加工企业以及家庭茶膳烹饪提供借鉴。

李金

2021 年 5 月 7 日

目 录

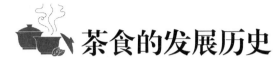 茶食的发展历史

　　"茶食"一词最早见于《大金国志·婚姻》记载："婿纳币，皆先期拜门，亲属偕行，以酒馔往，少者十余车，多至十倍。……酒三行，进大软脂小软脂，如中国寒具，又进蜜糕，人各一盘，曰茶食。"宋人洪皓在金国羁留期间所作见闻录《松漠纪闻》亦有相同茶食记载。至清代，俞樾撰《茶香室丛钞》也引用了洪皓茶食的记载。这三条古籍记载共同佐证了"茶食"一词起源于金朝的宫廷婚礼。但是，茶食在中国古代实质意义上的发展远早于金朝，从生煮羹饮到茶宴，茶食发展过程中经历了茶果、茶膳、茶点等多个称谓，茶食的内涵和外延也不断发展变化。

　　茶食的形成和发展，可以说是古代吃茶法的延伸和拓展，其历史颇为久远，大致经历了五个阶段：原始时期的原始阶段，以茶茗原汁原味的煮羹作食为特征；汉魏晋与南北朝时期的发育阶段，以茶茗掺和作料调味共煮饮用为特征；隋唐宋时期的成熟阶段，以茶饮与茶食相伴为特征；元明清时期的兴盛阶段，以茶为调味品，制作各种茶之风味食品为特征；现代社会的黄金时期，以其讲究茶食品位的科学性、追求丰富、多样化的艺术情调为特征，形成独树一帜的风格。

现代茶食含义：现代"茶食"一词的概念宽泛，既指掺茶作食作饮，又指用于佐茶的一切供馔食品，还可以指不用于佐茶，而是用茶制作的其他糕点和糖果类。但是，在茶学界，"茶食"往往专指用茶掺以其他原料，烹制成的茶肴、茶点、茶膳等，即指含茶的食物。

茶食文化的发展经历了先秦、两晋、南北朝、隋唐、宋、元、明、清等朝代，发展至今。中国古代的茶食是在一定生产力发展条件下分离而出的，带有各历史时期特色的与茶相关的食品，其功用最初为药用，后期转化为佐茶、零食，最终发展为茶宴菜肴。了解茶食发展历史，将有助于对茶食文化的传承，并启发人们对茶食的创新、利用。

纵观古代茶食的发展轨迹，饮茶史的发展从来就缺少不了与之相配的茶食。然而茶食的内涵并非一成不变。从先秦时期开始，历经汉魏南北朝的筵席茶食及隋唐宋的佐茶点心，至元、明、清三代的茶食集大成为止，我国古代茶食大致经历了四次改变，各个朝代的茶食也因时期的不同有着特定时期的内容。

先秦之前中原与西南地区尚未统一，两个地区虽然各自酝酿着属于自己的饮茶史，但都经历过以茶做菜的食用阶段。这个时期的茶叶本身便是一种茶食，此时茶与茶食尚为一体，作为营养物质而摄入。可以说，先秦时期的茶食，是以茶茗原汁原味煮羹作食，以茶为原料制作食品。

而秦人统一蜀地后，茶叶的利用和茶树栽培开始在全国范围内传播开来。晋时始开茶宴先河，茶果作为最早的佐茶食品出现，茶叶也因时代的需要逐渐发展为宗教的素食素材，这也是果菜的主要内容之一。同时，饮茶北传，人们开始普遍接受饮茶，而长江以南更是出现了纯粹意义上的饮茶。这个时期的茶食是以果实及其加工制品、素食菜肴、谷物制品为主，且出现在筵席上的食物都可以算作广义的茶食。

随着经济的发展，饮茶逐渐成为一种文化现象，尤其是唐宋以后伴随着茶艺的发展，茶食也越来越丰富。唐朝开始将茶与茶食分离，茶食自成体系发展起来。而经过充分酝酿，茶宴终于从酒宴中脱离出来，形成新的饮食形式。受茶宴兴盛的影响，茶食又可分为茶果、茶点与佐茶菜肴。这个时期的茶食指佐茶的糕点、菜肴和水果等食品，其中的糕点及菜肴多为不掺茶的佐茶点心。宋代不仅随着茶馆的繁荣，迎来了茶食的盛行，而且各种"茶宴""茶会"也进一步发展。茶宴分为品茗会、茶果宴和分茶会三种，其中分茶会是以茶菜、茶饭、茶果与品茗相互配合的正式茶宴。

元、明、清是我国古代茶食的鼎盛时期，对现代茶食具有深远影响。元朝时受饮食习惯的影响，茶的生产和饮用虽然基本沿袭宋制，但饮茶方式和文化内容却出现了一些前所未有的新景象。蒙古族习惯于在茶叶中放入其他作料，茶反而成为辅佐饮食的必需品。明朝以后出现的茶食已与现代茶食无异，冲泡法的流行使得饮茶变得更加便捷，佐茶食品的搭配关系也越发多样。由于文人雅士倾向清饮，因而茶食多见于平民百姓的茶馆文化中。至清代时，茶食备受皇宫上下青睐，这与乾隆皇帝本人平时格外喜欢品茶有极大关系。清代御宴的兴盛，促使御膳的烹调技术水平得以迅速提高，对茶叶美食的发展也具有推波助澜的作用，在历史上产生了深远的影响。同时清代大众茶食已发展为主流，这个时期的茶食为用以佐茶、配茶、掺茶的食物，包括点心、菜肴、水果等佐茶食品，以及奶茶、花茶、面茶等以茶介入的食物。

所以中国古代茶食的发展大致经历了茶叶与茶食合一的羹饮

茗粥茶菜时期，茶叶与茶食分离的品饮佐茶时期，清代又回到了以茶介入茶品的掺茶时期，直至当代的茶食创新发展黄金期。

一、先秦时期——药食同源

1. 以茶做药的起源

东汉的《神农本草经》时始记载"神农尝百草，日遇七十二毒，得荼而解之"，从而确定了茶在一开始是作为药而存在。原始部落和先秦时期，茶作为药用时，都是以直接食用茶树鲜叶的方式汲取茶汁获得药用效果，因此，在作为饮品的茶叶与作为食物的茶叶还未区别之前，食用茶而获得药效的方式可视为茶食最早的雏形。

以茶鲜叶为药食，在前人的许多著述中都有记载，流传至今的佐证，是一些原始形态的茶食习惯，如基诺族的凉拌茶、布朗族的酸茶和擂茶。

基诺族凉拌茶是一种较为原始的食茶方法，它的历史可以追溯到数千年以前。这种用鲜嫩茶叶制作的凉拌茶当菜食用，是极为罕见的吃茶法。将刚采收来的鲜嫩茶叶揉软搓细，放在大碗中加上清泉水，一般根据各人的口味爱好，随即投入黄果叶、酸笋、酸蚂蚁、大蒜、辣椒、盐巴等配料，拌匀后，便成为基诺族喜爱的"拉拨批皮"，即凉拌茶。凉拌茶，其实是一道菜肴，主要是吃米饭时当菜吃。

布朗族还保留食酸茶的习惯。酸茶的制茶时间一般在5、6月份。高温高湿的夏茶季节，将采下的幼嫩鲜叶用水煮透，趁热装入土罐，放在阴暗处十余日，让它发酵，然后装入竹筒内再埋入土中，经月余即可取出晒干食用。酸茶吃时是放在口中嚼细咽下，可以帮助消化和解渴。

擂茶是流行于长江中下游地区的一种混合茶、姜、米、豆子、花生、芝麻等原料的一种食品。擂茶历史悠久，食用有养生保健的功效，在湖南、湖北、江西、福建、广西、四川、贵州、台湾等地较为普遍。不同地区的擂茶所包含的原料及制作工艺有所不同，一些地区仍以茶树鲜叶于擂钵中与生姜、生米等一起研磨而成。该种做法保留了祖先对于茶鲜叶药食同源的食用方式。

2.《茶经》中的晏婴与茗菜

食用阶段的考证在《茶经》第九节中有所记载，春秋末期夷维的晏婴已开始食用茗菜，"婴相齐景公时，食脱粟之饭，炙三弋，五卵，茗菜而已"。春秋时期的茶叶本身便是一种以茶为原料制作的茶食。茶叶处在最原始的煎饮法时期，鲜叶洗净后，置陶罐中加水煮熟，连汤带叶食用。由于生产力低下，生活并不富足，还未脱离物质需求的阶段，茶与茶食尚为一体。用茶的目的，一是增加营养；二是作为食物解毒，这是茶叶食用的一种主要方式。

二、汉魏至南北朝——茶食分离

至魏晋南北朝时，茶已从生煮羹饮发展为南方的地方性饮料，茶粥指烧煮的浓茶，因其表皮呈稀粥之状，故称茶粥。茶粥作为早期茶的食用方式存在，茶食也就随着饮茶风俗的普及而发展。当茶开始具备饮品的属性时，佐茶的食品也逐渐出现并盛行。晋代出现的专有名词"茶果"，其广泛的含义是指果实与蔬菜的总和，进而形成其系列加工品及概念。

1. 早期茗粥至茗饮的转变

自秦统一后,对茶叶的初级加工——食用的羹饮法在我国部分地区流行。这一时期的茶叶以茶掺和佐料调味共煮饮用为特征。关于羹饮,西晋中晚期傅咸撰《司隶教》中记录了一则逸事:"闻南方有蜀妪作茶粥卖,为廉事打破其器具,后又卖饼于市,而禁茶粥以因蜀妪,何哉?"说的是傅咸转述四川地区一老妇因卖茶粥而遭毁其器具的故事。

《太平御览》卷867引《广陵耆老传》也有类似的记载:"晋元帝时,有老姥每旦擎一器茗,往市鬻之,市人竞买,自旦至暮,其器不减茗。所得钱,散路傍孤贫乞人,或异之。执而系之於狱,夜擎所卖茗器,自牖飞去。"这记录的是东晋元帝时期,在长江中下游江苏一带一老妇卖茗救济的逸事,也是最早有关"市场售茶"的文献。两则逸事所属的年代不同,作为两个相互独立的史料相互佐证了晋时茗粥的存在。这种茗粥形式上应是加了作料的羹饮,而非养生服用的药品,并已初具茗饮的形式。

至南北朝时期,茗饮才正式成型。正式记载"茗饮"二字文献的张揖,是东汉时期的人,时间早于晋时的茶粥。茗饮在汉代已经成型,周文棠先生却认为,此张揖应是南北朝后魏太和年间人,且"茗饮"的称呼是西晋灭亡,拓跋氏入踞中原后出现的,据此分析,《广雅》中:"荆巴间采茶作饼,叶老者,饼成以米膏出之。欲煮茗饮,先炙令赤色,捣末置瓷器中,以汤浇覆之。用葱、姜、桔子芼之。其饮醒酒,令人不眠。"茶事内容的著作时代符合南北朝后魏太和年间的情况。由此,文中的"茗饮"应是指茶汤,便也符合晋后至南北朝时期茶叶从茗粥至茗饮的转变。无论如何,在魏晋南北朝时期,至少是在长江以南,仅仅把茶当作饮料饮用已经相当普遍,但饮用形式上仍然沿用羹饮。

2. 早期茶食的出现

晋时茶宴取代酒宴，并置茶与茶果，开了茶宴的先河。由于早期茶饮常与筵席一同出现，因而筵席上出现的食物常被视为这一时期的茶食。最早出现饮茶现象是三国时期，东吴皇帝孙皓密使将茶汤装进韦曜的酒壶里，以茶代酒。其他人都是在喝酒，所以那时当是酒宴而不是茶宴。茶宴出现于西晋，陆羽《茶经·七之事》中亦有引《晋中兴书》里陆纳之事。《封氏闻见记》里记载了晋时吴兴太守陆纳招待谢安将军的宴会："晋时谢安诣陆纳，纳无所供办，设茶果已"。

茶果与茶宴的概念几乎是同时出现的。最早出现茶果记录的是《晋书》，其中提到："桓温为扬州牧。性俭，每宴饮，唯下七奠柈茶果而已。"武人桓温是个性俭之人，桓温宴会上的"七奠"推测可以算作早期的茶食。魏晋南北朝时期的"茶果"是指出现于茶宴上的馔品使用的统一概念，不同于我们如今对茶果的认识。关剑平先生在《茶与中国文化》中根据《齐民要术》等农书的存在，将魏晋南北朝这个特定时期的茶果大致分为三类：首先是植物的果实及其加工品，随着农业技术的发展，果实栽培技术的提高和食品加工技术的发展，使果实可以制成干制、蜜渍、盐渍、粉油制、煮制、煎制、蒸制、烤制、粉碎、发酵十类；其次是果菜类的菜肴，这是指以果菜为材料烹制的菜肴，进而兼指素食，尽管茶宴未必是严格的素食，但清淡素净确是茶果的特色；最后，谷物的加工品也是"果"类食品，点心是其中的代表，比较集中地表现了茶果的加工技术水准。与此同时，魏晋南北朝时期由于受长生不老的道教思想，以及"以茶养廉"的儒家思想的影响，使得茶与宗教结合，茶果中的果菜类因其清淡朴素的风格，逐渐成为宴会的主要内容之一。

总的来说，由于茶饮常与饮宴活动联系在一起，因此晋时筵席上的食物都可以算作广义的茶食，以果实及其加工制品、素食菜肴、谷物制品为主构成。南北朝时期出现茗饮的趋势，虽然饮用形式上仍然沿用羹饮，但这个时期的茗粥已逐渐转为茗饮；另外，茶果由于制作上的技术要求较简单，因而成为最早定型的佐茶食品。

三、隋唐宋时期——茶食成型

在早期的茶文化中，茶是饮、食合一的食品；而到了唐宋时期，茶与茶食开始形成两条不同的分支，相辅相成。茶逐渐发展成为独立的饮料，佐茶的食物也逐渐有了自己的风格。"点心"一词就出自唐代，茶食就此成型。但茗粥依然是"上古茹草"的遗俗，直至中唐后仍有不少人将茶、食一锅煮制。

1. 唐代的茶果、佐茶点心、茶宴

中唐以前，茶叶加工粗放，源于药用的煮羹饮和源于食用的茗粥是其主要方式。中唐以后，随着制茶技术的提高和普及，直接取用鲜叶煮饮便成了支流，而茶圣陆羽所提倡的煎饮法更是禁止在茶中添加除盐以外的其他作料，于是佐茶点心作为唐代清饮所必需的茶食，逐渐发展。

受饮茶方式演变的影响，唐代茶果的概念似乎开始发生变化。白居易《谢恩赐茶果等状》中记载："今日高品杜文清奉宣进旨，以臣等在院进撰制问，赐茶果梨脯等。"这里他把茶果梨脯并列，应该可以理解为，不是所有的果品都可以充作茶果的，或是茶果的概念有了发展。陆羽《茶经·七之事》也记载了傅巽《七诲》："蒲桃、宛柰、齐柿、燕栗、峘阳黄梨、巫山朱橘、南中茶子、西极石蜜。"及弘君举《食檄》："寒温既毕，应下霜华之茗，三爵而终。应下诸蔗、木瓜、元李、杨梅、五味、橄榄、悬钩、葵羹各一杯。"由此可以看出，唐时茶果的概念已单纯指水果及其加工制品，所包含范围比魏晋时期更小。除此之外，提到茶果的诗还有韦应物的"茶果邀真侣，觞酌洽同心"，杜甫的"枕簟入林僻，茶瓜留客迟"。

唐代除茶果外，许多与茶一同食用的点心也有了独立的发展。此时"茶点"的概念应指饮茶佐以的点心，这个概念在唐之前并无可考，其包含的茶食大致包括用于佐茶的其他糕点和菜肴等食品。但这些食品均未掺杂茶叶，也并非专门品茶时所用的点心。对于唐式点心的资料，我们还可以从日本的饮食文化中追溯。奈良时代从中国的唐朝传来了用面粉、米粉等和成后经过油炸的一种唐式甜点，也是最早的手工制作的点心。《正仓院文书》里对"环饼""油饼"都有所记载，所以推测这些在奈良时代就已经流传过去了。进入平安时代后，"梅枝、桃枝、葛胡、桂心、黏脐、毕罗、锥子、团喜"被称为"八种唐果子"，使用的原料都相同，但做出来的形状却不一样。这种唐式点心并没有特别和饮茶联系在一起，其中也不含有茶。

唐代茶食的另一大进步是茶宴的正式化。在主副食观念下形成的中国宴会，无论菜肴多么丰富，也只是出于"佐饮"的地位。虽然唐代茶宴缺少正面的直接描述，但一些唐诗却有相关记载。中唐的钱起曾经与赵莒一块办茶宴，钱起为记此盛况，写下《与赵莒茶宴》一诗："竹下忘言对紫茶，全胜羽客醉流霞。尘心洗尽兴难尽，一树蝉声片影斜。"这首诗就反映了唐代茶宴是以茶代酒的文人雅集。白居易的《招韬光禅师》则完整地记载了茶宴的饮食内容："白屋炊香饭，荤膻不入家。滤泉澄葛粉，洗手摘藤花。

青芥除黄叶，红姜带紫芽。命师相伴食，斋罢一瓯茶。"这是典型的宗教风格的茶宴，魏晋南北朝时期简单朴素的茶菜风格，至唐代时已作为斋食，被大家所接受。

此外，吕温的《三月三日茶宴序》也对茶宴有较为详细的描述。中唐时期不仅茶宴开始正式化，所配菜肴也颇有讲究。但宫廷茶事却是追求豪华贵重、富丽堂皇，与文人茶道的清雅韵致、佛门茶事的敬重寂净全然不同。

2. 宋代的茶肆、茶宴

至宋代，茶果的名称仍被沿用，以应时果品与干果加工而成的炒货为主。南宋诗人陆游在《听雪为客置茶果》中道："病齿已两旬，日夜事医药。对食不能举，况复议杯酌。平生外形骸，常恐堕贪著。时时邻曲来，尚不废笑谑。青灯耿窗户，设茗听雪落。不饤栗和梨，犹能烹鸭脚。"诗中所设茶果即水果及干果炒货。并且这个时期由于分茶酒肆的盛行，茶菜已逐渐与普通菜肴混淆，因而宋代茶食多见于茶肆与茶宴中。

宋代城市的茶坊其功能在于"勾引观者，流连食客"与"消遣久待"。关于宋代茶坊茶肆的记录，多存于与城市生活相关的书籍里，如《东京梦华录》《梦粱录》《都城纪胜》等。《梦粱录》中记载了这么一段："凡点索茶食，大要及时。如欲速饱，先重后轻。兼之食次名件甚多，姑以述于后：曰百味羹、锦丝头羹……更有供未尽名件，随时索唤，应手供造品尝，不致阙典。又有托盘檐架至酒肆中，歌叫买卖者，如炙鸡、八焙鸡、红鸡……荤素点心包儿、旋炙儿……更有干果子，如锦荔、木弹……诸店肆俱有厅院廊庑，排列小小稳便儿，吊窗之外，花竹掩映，垂帘下幕，随意命妓歌唱，虽饮宴至达旦，亦无厌怠也。"文中列举了诸多茶肆供应的食品，我们可以从中得知宋代的佐茶点心已趋向多元化和生活化，面点食品也进入人们的日常生活，成为宋代茶食的组成部分。

茶食概念的扩充使许多搭配喝茶的食物也普遍进入了人们的生活中，以佛寺道观最为多。其品味独特，自成菜系，之后才逐渐流传到了民间。在日本室町时代的14世纪后半期著成的《庭训往来》是根据《禅苑清规》等中国禅寺的方法而定的。其中"十月状返"里列举着小吃和点心的种类和茶具的名称："点心者、水纤、温糟、糟鸡、鳖羹、猪羹、驴肠羹……馄饨、馒头、索面……果子者。柚柑、柑子、橘、熟瓜……茶具者、建盏、天目、胡盏……"在这里，小吃、点心和茶具被继续写下去，显然指的就是品茶时的点心，并且当时的点心已经是水果、糕点类的总和。

宋代的茶宴之风较唐朝更加盛行。宋代的茶宴大致分为品茗会、茶果宴和分茶会三种，其中分茶会是以茶菜、茶饭、茶果与品茗相互配合的正式茶宴。其中最著名的当数浙江余杭径山寺的"径山茶宴"，因其兼具山林野趣和禅林高韵而闻名于世。径山自古就是中日文化交流的窗口和桥梁。18世纪日本江户时代中期国学大师山冈俊明编纂的《类聚名物考》第四卷中就记载："茶宴之起，正元年中（1259），驻前国崇福寺开山南浦绍明，入唐时宋世也，到径山寺谒虚堂，而传其法而皈。"而由径山茶宴传入日本的茶食，后来也发展成为日本风格的茶食——怀石料理，也称茶怀石。但我国南宋时期的茶食却一直没有发展成专门的饮食类别。

从历史纵向的发展可以看出，这两个时期的茶食指佐茶的糕点、菜肴和水果等食品，其中的糕点及菜肴均为不掺茶的佐茶点心。唐代尚无点心的概念，佐茶食品也并非专门品茶时所用的点心，直至宋时期才开始有了点心与茶食的概念，但点心与茶食两者原有区别。"点心"原指点茶时杯中放置的食品，后来才逐渐混同。

四、元明清时期——茶食成熟

元明清三个时期是茶食发展的成熟阶段，不仅饮茶的区域和人数日益扩大，而且茶叶品饮方式也日臻完善。传统的"用茶作菜制食"的古老遗风在茶食和药茶制造中得到了继承和发扬。元代的茶食发展在宋代的基础上结合了本民族的饮食文化特点，并且这时期出现的许多茶食既是日常饮馔又是治病保健的药茶方剂；明清时的茶食在继承前代的基础上又有所发展，并极大地丰富了人们的饮食生活。

1. 元代茶食的民族化

元代是中国历史上第一个由少数民族（蒙古族）建立并统治全国的封建王朝，茶叶生产和饮茶风尚承宋启明。且由于蒙古游牧民族粗犷豪放的性格和肉食乳饮的生活习惯，其对茶叶的生产比较重视，元代茶文化也从唐宋时期的精致浮华转为豪放简约。南宋《梦粱录》中的："人家每日不可阙者，柴米油盐酱醋酒茶。"到了元朝时期，元曲《玉壶春》里略去了"酒"，变成了七件事，喝茶已为平常日用。但这个时期茶食的发展是以本民族的饮食习惯为主导，品茶反而退位成为辅佐饮食的必需品。因此，元代茶的生产和饮用虽然基本沿袭宋制，但饮茶方式和文化内容却出现了前所未有的新景象。

与唐宋时期一样，元代文人也创作了与茶相关的诗歌、杂剧、小令。元曲记录的大量茶品，便是这种景象的真实反映。如以香花、果品等入茶的习俗，虽然在唐宋已不乏其例，但真正的窨制花茶始于元代，元曲对此多有描写。乔吉小令《双调·卖花声》里的《香茶》中提到"细研片脑梅花粉，新剥珍珠豆蔻仁，依方修合凤团春"，即以香花入茶。以果品入茶的记载，则有关汉卿杂剧《钱大尹智勘绯衣梦》第三折中赞美的以橙子的果肉调制的"金橙"茶等。可见元代香花、果品等入茶，已经相当普遍。

蒙古族入主中原后，受到藏族酥油茶即所谓"西番茶"的启发，吸收中原原有的一些饮茶方式，并结合本民族的文化特点，形成了具有蒙古特色的茶饮品。如马致远杂剧《吕洞宾三醉岳阳楼》提到这么一段："（正末接茶科，云）郭马儿，你这茶里面无有真酥。（郭云）无有真酥，都是甚么？（正末云）都是羊脂。""酥签"亦作"酥金"，是北方游牧民族创制的以乳汁煎的茶，即奶茶。元朝忽思慧《饮膳正要》载："将好酥于银石器内溶化，倾入江茶末搅匀。旋旋添汤搅，成稀膏子。散在盏内，却著汤浸供之。茶与酥看客多少用。但酥多于茶些为佳。此法至简且易，尤珍美。四季看用汤造。冬间造，在风炉子上。"在茶中加酥油，这正是元代茶文化多元化特色的表现。除此之外，《饮膳正要》中还记载了元代朝廷菜谱中还有汉儿茶饭、回回茶饭、西天茶饭等食品。"茶饭"作为元人熟知的饮食的一个代称，与茶叶却并无太大的关系，也可说明在元代，茶已经深深影响着元人的日常饮食生活。

由此可以看出，不同于南方汉族聚居地的全叶冲泡散茶法，蒙古族的饮茶习惯在于茶叶中放入其他作料，且茶食在饮食生活中颇具重要的地位，正如元睢玄明《耍孩儿·咏西湖》曲曰："有百十等异名按酒，数千般官样茶食。"

2. 明代茶食的两极化

明朝的茶食分两个方向，上层文人雅士以品茗为主，平民百姓则偏爱茶食，所以明代茶食的表现方式多是出现在百姓日常的茶馆文化里。明代首次出现"茶馆"二字是张岱所著《陶庵梦忆·露兄》写的："崇祯癸酉，有好事者，开茶馆。"此后，"茶馆"一词才成为统称。明代的茶馆里因季节而异，制作出不同的茶食品，以干果为主的茶果和以蔬菜为主的茶菜在茶馆里销售火爆，供应各种茶点、茶果，而且其茶点因季因时不同，品种繁多。

集中了明代茶食的著作以明朝宋诩的《竹屿山房杂部》为主，其卷一中将佐茶的茶食分为以干果为主加工的茶果和以蔬菜为主加工的茶菜两类。《竹屿山房杂部》卷一《养生部一》开篇就是谈"茶制"。其中提到的茶果有"栗肉、胡桃仁、榛仁、松仁、西瓜子仁、杨梅核仁、莲心……"从中可看出佐茶食品不讲究多而讲究精。明时已有人意识到果品的香气会影响茶的清香，于是开始提倡取消或限制茶果的使用。文震亨和屠隆撰写的《长物志·考槃余事》在"择果"中说："茶有真香，有佳味，有正色，烹点之际，不宜以珍果香草夺之。夺其香者，松子、柑橙、木香、梅花、茉莉、蔷薇、木樨之类是也。夺其味者，番桃、杨梅之类是也。凡饮佳茶，去果方觉清绝，杂之则无辨矣。若必曰所宜，核桃、榛子、杏仁、榄仁、菱米、栗子、鸡豆、银杏、新笋，莲肉之类，精制或可用也。"由此可见，虽然果品的添加已受人质疑，但作为一种民俗，用茶果来点茶的做法在民间一直流行。

《竹屿山房杂部》中的茶菜有"芝麻、胡荽、莴苣笋干、豆腐干、芹白、竹笋豆豉、蒌蒿干、木蓼干、香椿芽……"等。明朝人对于茶菜的看法与茶果类似，也倾向以清淡为主。茶食中相当一部分来自寺院道观，是僧、道的日常饮食，由于宗教对俗世的影响，这些茶食在民间也很常见，只是品种没有这么多，也不像士大夫的茶食这么精致，民间的茶食中还常用荤食，如扬州镇江一带用来佐茶的肴肉和煮干丝等。

狭义的茶食还包括《竹屿山房杂部》卷二《养生部二》中提到的面食制、粉食制、蓼花制、白糖制、糖缠制等茶点，也以佐茶食品为主，均未掺杂茶叶。由于明代茶叶与现今相同，以沏泡饮用散茶为主，这就使得饮茶变得更加便捷，佐茶食品的搭配关系也越发不讲究。但从魏晋时期至明代史料中追溯，佐茶茶食与普通点心尚有区别。被誉为明朝社会生活缩影的《金瓶梅》中记载的茶食点心就有四十余种，如大乳饼、顶皮饼、荷花饼、松花饼、百糖万寿饼、黄米面枣儿糕等。虽然从命名上看，此时的茶点没有以茶直接命名，但这些都属当时常见的佐茶茶食。

3. 清代茶食的大众化

清代茶文化进一步发展。清代社会经济的发展与繁荣、封建的统一多民族国家最终形成和巩固、政治局面的相对稳定，都为清代茶馆的兴盛奠定了基础。茶叶的深加工不断拓展，茶食制作和消费更加大众化，社会上层喜欢品茗，平民百姓则偏爱茶食，民间出现了很多新的茶食品加工食用方法。清代茶馆大致可分为以卖茶为主的清茶馆及兼营点心、茶食及酒类的荤铺式茶馆。由于所卖食品有固定套路，故不同于菜馆。

这一时期出现了很多著名的茶点，清代袁枚的《随园食单》中就收录了很多精美的点心，以江浙一带居多，如竹叶粽："取竹叶裹白糯米煮之。尖小，如初生菱角。"萧美人点心："仪真南门外，萧美人善制点心，凡馒头、糕、饺之类，小巧可爱，洁白如雪。"陶方伯十景点心："每至年间，陶方伯夫人手制点心十种，

茶食

皆山东飞面所为。奇形诡状，五色纷披。食之皆甘，令人应接不暇……"并且，《随园食单》还记载了以茶介入制成的茶食，如茶叶蛋："鸡蛋百个，用盐一两、粗茶叶煮两枝线香为度。如蛋五十个，只用五钱盐，照数加减。可作点心。"面茶："熬粗茶汁，炒面兑入，加芝麻酱亦可，加牛乳亦可，微加一撮盐。无乳则加奶酥、奶皮亦可。"这个面茶在《红楼梦》第七十五回《开夜宴异兆发悲音，赏中秋新词得佳谶》亦有提到："李纨道：'昨日人家送来的好茶面子，倒是对碗来你喝罢。'说毕，便吩咐去对茶。"

此外，饮茶吃果子也是清代的风气。这些果子包括各式各样的面点，也有瓜子、松仁、榛子、核桃仁、栗肉等，这些统称为茶果子。《红楼梦》里也多次提到了茶果子。如第八回中，宝玉的奶母李嬷嬷因说道："天又下雪，也好早晚的了，就在这里同姐姐妹妹一处顽顽罢。姨妈那里摆茶果子呢。"不止如此，第三回中林黛玉初进贾府便也提到："说话时，已摆了果茶上来"；还有第五十四回："又命婆子将些果子、菜馔、点心之类，与他两人吃去。"那是"上等果品茶点"。由此可见，茶果是那时流行的习俗。

在饮茶开始返璞归真的明代，对于茶食品的追求更多地倾向清淡，尤其是寺院道观里僧侣们的日常饮食多有茶食，宗教饮食对民间世俗饮食的影响日渐突出。同时，民间饮食创新突破力度较大，茶食品相比较寺院则较为粗犷，可随意搭配，多用茶果来点茶，甚至用茶来烹制荤菜等各式家常菜，如镇江一带百姓就用茶来肴肉和煮干丝。

至明清时期，茶食既指佐茶的供馔食品，又指掺茶的食物，其以茶为调味品，制作各种茶之风味食品为特征。明清时期，茶的调味品功能得到前所未有的开发，茶食已不仅是面点、干果炒货、蜜饯糖果等，茶叶在食品加工中已经无所不用，各种茶风味食品层出不穷，民间对茶食的开发不断深入，茶食品制作进入了一个发展的鼎盛期。

五、现代——茶食创新阶段

进入现当代，茶食品的保健功能越来越引起人们的重视，如茶糕点不仅可以饱腹，还可以借助茶的保健功效达到提精神、助消化的功效，带来朴素、安全、纯净、韧性的人生态度。因此，在一些地区如广东、福建、四川、山西等地，茶食非常流行，吃茶食成为一些人的生活时尚。而伴随着茶食的普及，对茶食品的开发创新也进入了一个新的发展阶段，茶叶作主料或辅料加工成汤类、凉拌菜、炖菜，通过爆、炒、滑、熘等手法，将茶叶天然的色香味与食材有机融合，不仅创造出了健康美味的食品，满足了人们多样化的需求，同时也创造了不菲的经济价值。从 2010 年开始，茶食品在国内开始引起广泛的关注，整体的销售收入呈上升趋势。"十三五"以来，我国茶饮与茶食加工产业得到了稳步发展，年产值接近 100 亿元。"十四五"期间，我国经济社会发展进入重要的转型期，重点依靠科技创新，走高质量发展之路，我国茶饮与茶食加工产业必将从数量增长转向质量提升发展。新科技、高品质、更健康，是未来茶食产业的发展方向。

 茶饮料

　　茶饮料与家庭、茶馆等以茶叶冲泡而成的茶水、茶饮有所区别，其主要以工业化方法提取出的茶萃取液、茶粉、茶浓缩液为原料，经调配而成的制成品。茶饮料种类多样，因为原料、辅料的不同以及加工方法的不同，可分为纯茶饮料（茶汤）、茶浓缩液、调味茶饮料、复（混）合茶饮料等。

　　茶饮料不仅具有茶的独特风味，含有天然茶多酚、茶氨酸、咖啡碱等茶叶功能成分，同时兼有营养、保健功效，是清凉解渴的多功能饮料。但需要注意的是，茶饮料在给消费者提供快捷、营养、美味饮品的同时，消费者应理性选择：茶饮料不能替代水的饮用；同时，不应过分追求茶饮料的口味，应选择低糖、低脂、低添加剂的健康型茶饮料。

一、茶饮料市场发展

　　最早的茶饮料研发是 1950 年美国生产的速溶茶，20 世纪 60 年代冰茶制造逐渐形成工业规模。20 世纪 80 年代初，日本成功开发出罐装茶饮料，随后相继出现了纯茶饮料和保健茶饮料产

品。目前生产茶饮料的国家主要有中国、日本、美国、印度尼西亚等。2021年，全球茶饮料市场估计价值约443亿美元。其中亚洲是全球即饮茶市场的中心，亚太地区即饮茶消费占全球份额的72%。

1. 中国茶饮料市场发展

中国是世界上最大的茶饮料生产国和消费国。中国大陆地区茶饮料市场是从1993年开始起步的，2001年进入快速发展期，我国茶饮料市场总零售额由2003年的257亿元提升到2019年的787亿元。到2025年，我国茶饮料行业市场规模将接近1000亿元。

我国茶饮料集中生产最早出现在中国台湾，1993年"旭日升"系列茶饮横空出世，拉开了我国大陆地区茶饮料行业的序幕。1998年，统一正式进入中国市场，催动我国茶饮产业进入成长期。1999年，康师傅迎头赶上，与旭日升、统一形成三足鼎立的茶饮市场局面。2009年，两大饮料巨头——百事可乐和可口可乐正式进入即饮茶行业，我国茶饮市场格局越发复杂。

2010年至今，茶饮料的单瓶市场零售价由3元左右增长到6~9元。茶饮料的种类也由简单的冰红茶、绿茶等转为多口味的茶饮料，如"小茗同学""茶π""Meco果汁茶"等。多数供应商将资金投入创新，如推出新口味（冷泡茶）、开创健康、解腻、益气等概念和功能益处，主流茶饮开始向年轻消费者拓展。2017年中国人均茶饮料的消费量为10.4升，虽然较2003年提升了2倍，但是与饮食文化相近的中国香港、日本等地相比，仍有不小的差距，因此我国人均茶饮料消费量仍有增长空间。表1显示了2017—2020年茶饮料品牌力指数排行榜变更情况，表示在大品牌不能充分满足消费者新诉求的大背景下，茶饮料市场的大门依旧为携有潜在爆品的后来者所打开。随着茶饮料的出现及市场的繁荣，中国茶饮料产业将迎来更加美好的未来。

表1 2017—2020年茶饮料品牌力指数排行榜

2017 年		2018 年		2019 年		2020 年	
品牌	变动	品牌	变动	品牌	变动	品牌	变动
康师傅	–	康师傅	–	康师傅	–	康师傅	–
统一	–	统一	–	统一	–	统一	–
娃哈哈	–	娃哈哈	–	娃哈哈	–	娃哈哈	–
达利园	–	达利园	–	达利园	–	达利园	–
三得利	–	三得利	–	农夫山泉茶 π	2	农夫山泉茶 π	–
今麦郎	–	今麦郎	–	今麦郎	–	今麦郎	–
统一茶里王	2	农夫山泉茶 π	5	三得利	–2	东方树叶	2
天喔茶庄	–	天喔茶庄	–	天喔茶庄	–	三得利	–1
东方树叶	–2	东方树叶	–	东方树叶	–	天喔茶庄	–1
立顿	new	立顿	–	立顿	–	立顿	–

虽然茶饮料相关上市公司产品范围较为广泛，但中国茶饮料市场集中度还是比较高的。图1为2019年茶饮料市场集中度分析，其中显示2019年茶饮料市场占有率前五名合计约占市场份额的86.5%。排名第一的康师傅2019年销售额达341亿元，份额为43.3%；排名第二的统一，份额为23.5%；农夫山泉以62亿元的零售额排名第三，份额为7.9%。2019年中国茶饮料市场由康师傅和统一两个品牌垄断。

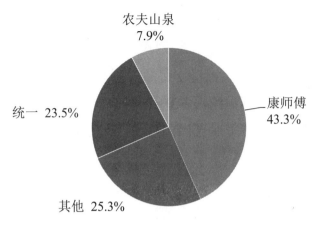

图1 2019年茶饮料市场集中度分析

    未来中国茶叶饮品市场，传统的杯、壶、热水冲泡饮用方式将依然占主导地位；而方便、快捷、健康、美味、时尚的瓶装茶饮料、杯装茶饮和现调新式茶饮，将成为年青一代消费者首选的饮料。

    中国茶饮料经历了冰茶、奶茶、新式茶饮三代产品的流行之后，消费者健康意识不断增强，新的茶品类、小品类茶，以及新概念、新包装的无糖茶饮料预计将成为瓶装茶饮料新的增长点，有望在多年的徘徊后得到重大突破。杯装奶茶预计稳步发展，增加健康概念的杯装茶产品有望升级加速。而目前风潮正劲的现调新式茶饮的增长空间巨大，新品牌不断涌现，将成为茶叶消费的第三个主要渠道。对于传统的制茶工业，随着茶饮料消费的增长对茶叶初精制原料的需求也将稳定增长，而速溶茶等深加工产品增长空间有限。有技术含量、品质风味独特、有故事、有概念的茶叶产品将会被广泛地应用于茶饮料开发。

2. 日本茶饮料市场发展

    日本是世界第二大茶饮料生产国和消费国，亚太地区的瓶装茶饮料起源于日本。20世纪80年代，伊藤园公司开发推出罐装茶饮料产品后，得到了消费者的欢迎，绿茶饮料在 1998 年后呈现高速增长。2016 年日本茶饮料销售量达到 612.2 万升，占日本软饮料市场份额的 28.34%，市场份额占第一位。

日本喝茶的传统虽说是从中国而来，但是消费方式的变化起源于一家名叫伊藤园的饮料公司，它于 1981 年推出了罐装乌龙茶，带动了日本罐装乌龙茶饮料的发展。1985 年 2 月开发销售罐装绿茶饮料，再次兴起绿茶饮料的流行。到 1996 年，最早的 500 毫升 PET（聚对苯二甲酸乙二醇酯）塑料瓶装绿茶饮料上市，日本人喝茶的习惯也由此改变。目前，日本茶饮料市场上"伊藤园""三得利""麒麟"等品牌基本垄断了大部分市场。日本茶饮料市场已形成了冰茶、水果茶、混合茶（草本、谷物、茶）、奶茶、无糖茶饮料、抹茶饮料、功能性健康茶饮料等品种丰富、个性鲜明的茶饮料系列。

日本人对茶类饮料的偏好显而易见，同时还有非常细致的分类。需求量最大的是绿茶饮料，其他几个大类依次是红茶、混合茶（薏仁、大麦等多种原料混合，以健康为诉求的茶饮料）、乌龙茶、麦茶饮料。在口味上与中国的区别主要体现在绿茶。在制作方法上，日本绿茶主要通过蒸青的方式杀青，阻止茶叶发酵，最终制成茶叶。中国的绿茶更香，但口味偏淡，而日本茶香味较淡，口感上茶味更浓。严格控制糖分摄取已是普通日本民众的健康守则之一。正因为如此，日本市场上几乎所有饮料都在抑制糖的含量，这一守则在茶类饮料上更是得到彻底贯彻。出于健康的考量，日本的绿茶饮料不加糖，但各个品牌也因此不断开发新的技术，以制造出更多不同特色的茶味。

3. 美国茶饮料市场发展

1987 年美国开发推出玻璃瓶柠檬茶饮料，带动了美国新一代健康、天然饮料发展的热潮，各大饮料公司纷纷跟随。20 世纪 90 年代，茶饮料在欧美国家发展迅速，被视为"新时代饮料"。2017 年美国茶饮料销量达到 17 亿加仑（约 342.32 万升），销售额约 60 亿美元，约占茶叶市场份额的 45.7%。美国茶饮料市场上，冰茶品种依然占统治地位，新一代的无糖茶饮料、抹茶饮料、草本茶饮料、含汽茶饮料、康普茶饮料（红茶菌饮料）也层出不穷，人均茶饮料消费量从 2013 年的 7.8 升增长至 2017 年的 17.4 升。

4. 其他国家茶饮料市场发展

印度尼西亚（以下简称"印尼"）和越南是目前茶饮料消费增长最快的国家。印尼有多个茶叶产区，但最主要的产区还是在爪哇（Java）和苏门答腊（Sumatra）两岛。印尼茶园整年可采，但茶叶品质最佳的生产季节为每年的 7 至 9 月。印尼生产的茶叶种类不多，主要是红茶，其次是绿茶，其中传统红茶占 66%，CTC 红茶占 10%，炒青占 22%，蒸青占 2%，部分炒青又被加工成茉莉花茶。此外，印尼也生产少量白茶、CTC 绿茶以及乌龙茶。由于茶树的老龄化及气候的变化，导致印尼的茶叶产量低、盈利差，许多小农场主转而生产其他产品。此外，由于印尼政府对茶产业的重视度不够，茶叶产品缺乏创新、市场营销能力弱、生产和市场脱节等原因，使得印尼的茶产业遭受较大挫折。自 2000 年初以来，产量一直下降，近几年，出口量也持续减少。尽管从短期看，印尼茶叶产量有进一步减少的趋势，但印尼茶行业依然极具竞争力。其一，政府已经意识到茶产业面临的困境，因此逐步加大支持力度。自 2013 年以来，印尼农业部已通过加强种子和化肥的年度分配预算来重振印尼茶业；其二，印尼近年来对茶叶的需求增加，尤其是来自印尼国内下游行业的需求，包括茶与食品领域的结合，如生产花茶饮料。

越南生产的茶类包括红茶、绿茶、乌龙茶、花茶、特种茶。越南红茶的主要出口市场在俄罗斯、巴基斯坦、孟加拉国和中东。越南绿茶生产依然由农民主导，他们自己生产茶叶或向附近的工厂出售新鲜茶青。越南绿茶的主要出口地是中国大陆、中国台湾和其他东南亚国家，且越南生产的固体奶茶饮料，受到包括中国消费者在内的世界人民喜爱。

除此之外，茶饮料在意大利、德国、加拿大等欧美国家盛行。而传统的茶叶消费大国英国则显得非常保守，2013—2017 年，人均茶饮料消费量仅从 0.1 升增加至 0.2 升。

二、茶饮料种类

如前所述，茶饮料种类多样，因为原料、辅料以及加工方法的不同，可分为茶汤饮料（纯茶）、果味茶饮料、碳酸茶饮料、奶味茶饮料、咖啡茶饮料、茶醋饮料、红茶菌饮料、复（混）合茶饮料、固体茶饮料、新式茶饮料等。

1. 茶汤饮料（纯茶饮料）

茶汤饮料，也是习惯上所称的纯茶饮料，以茶叶的水提取液或其浓缩液、速溶茶粉为原料，少添加或不添加糖，经加工制成的，保持原茶风味的茶饮料。康师傅的无糖绿茶、乌龙茶，农夫山泉东方树叶系列等产品为其代表。茶汤饮料可分为红茶饮料、绿茶饮料、乌龙茶饮料、花茶饮料及其他茶饮料。以各种茶叶的水提取液或浓缩液、茶粉为原料，经萃取、澄清、杀菌等工艺加工而成，通常保持原茶汁应有风味的液体饮料，亦可添加少量的食用糖和（或）甜味剂进行调配。

根据国家标准《茶饮料》（GB/T 21733—2008）中规定，纯茶饮料中，茶多酚及咖啡碱的含量应不少于国标中规定的各茶饮料种类的标准（表2）。绿茶茶汤饮料中应含有的茶多酚及咖啡因最多，分别为不少于500毫克/千克及60毫克/千克；其次是乌龙茶茶汤饮料，分别为400毫克/千克及50毫克/千克；红茶、花茶和其他纯茶饮料中，茶多酚及咖啡因含量均为不少于300毫克/千克及40毫克/千克。

表2 《茶饮料》规定纯茶饮料中茶多酚及咖啡因含量

茶汤类别	绿茶	乌龙茶	红茶	花茶	其他茶
茶多酚/（毫克/千克）≥	500	400	300	300	300
咖啡因（毫克/千克）≥	60	50	40	40	40

研究者对21种市售茶饮料中茶多酚含量的测定表明，绿茶饮料中茶多酚含量为530.35~936.77毫克/千克，红茶饮料中茶多酚含量为136.99~639.92毫克/千克，花茶饮料（茉莉花）中茶多酚含量为323.86~418.94毫克/千克，调查样品中，市售绿茶饮料中茶多酚含量最高，但仍有部分茶饮料中含有的茶多酚低于国家标准要求。

茶饮料的生产工艺流程基本相同，根据各类型茶饮料的不同风味、品质和包装容器，其工艺流程稍有差别。几种典型纯茶饮料加工工艺流程如下。

（1）茶提取液生产工艺流程

水→水处理→去离子水→茶叶→热浸提→过滤→冷却→调配→过滤→加热灌装→密封→杀菌→冷却→检验

（2）PET瓶装茶饮料工艺流程

去离子水→茶叶→热浸提→茶抽提液→过滤→加热→UHT杀菌→冷却→无菌灌装（无菌PET瓶）→封口（无菌瓶盖）→冷却→贴标→检验→装箱→成品

（3）易拉罐纯茶饮料生产工艺流程

去离子水→茶叶→热浸提→冷却→过滤→调配→加热→灌装→封口→杀菌→冷却→检验→装箱→成品

（4）罐装绿茶饮料生产工艺流程

绿茶→热浸提→过滤→调和→90~95℃加热→灌装→充氮→密封→杀菌→冷却→包装→检验→成品

（5）罐装红茶饮料生产工艺流程

红茶→热浸提→过滤→调和→加热灌装→密封→杀菌→冷却→包装→检验→成品

（6）罐装乌龙茶饮料生产工艺流程

乌龙茶→焙火→浸提→过滤→调配→加热→灌装→密封→杀菌→冷却→包装→检验→成品

2. 果汁/果味茶饮料

果汁/果味茶饮料以茶叶的水提取液或浓缩液、茶粉等为原料，加入果汁、食糖和（或）甜味剂、食用果味香精等的一种或几种调配而成的液体饮料。根据茶饮料国家标准（GB/T 21733—2008）的规定：果汁/果味茶饮料中茶多酚含量≥200毫克/千克，咖啡因含量≥35毫克/千克。果汁茶饮料中的果汁含量多于果味茶饮料，其中果汁茶饮料中的果汁含量需≥5%，茶多酚含量和果汁含量需在标签上明确标识，茶多酚含量和果汁含量未达标者只能称为"果味茶饮料"。目前柠檬口味的果味茶饮料最为普遍，如康师傅的柠檬红茶，统一的冰绿茶、冰红茶等。欧美地区的桃味饮料销售形势最好，国内也有苹果、青梅等风味的茶饮料，此外，还有橙汁茶饮料、金花茶饮料、刺梨果茶饮料、柚子茶饮料等。

3. 奶茶 / 奶味茶饮料

奶茶 / 奶味茶饮料是一类在纯茶汤（目前主要为红茶、黑茶或乌龙茶）或果味茶汤中适当添加奶制品（全脂奶、脱脂奶或炼乳）或奶香精、甜味剂、酸味剂等食品添加剂调配而成的产品。在茶饮料国家标准中，奶茶 / 奶味茶饮料中茶多酚含量 ≥ 200 毫克 / 千克，咖啡因含量 ≥ 35 毫克 / 千克，其中奶茶中蛋白质含量 ≥ 0.5%（质量分数）。

奶茶饮料是当前茶饮料行业中新兴且发展势头正猛的一匹黑马。无论是瓶装茶饮料，还是杯装固体奶茶、现调茶饮料，其目标消费者都是年青一代的消费者。在国外，这群消费者被称为"千禧一代"，国内称为"80 后、90 后和 00 后"。在中国，千禧一代约有 4.15 亿人，占中国总人口的 31%，而随着他们的平均年收入从 2014 年的 5900 美元增长至 2024 年的 1.3 万美元，他们将主导未来的消费格局。在欧美国家，研究机构研究认为，千禧一代消费者具有某些特性：他们随互联网一起长大，他们喜欢透明，他们喜欢移动设备、即时满足、追求平等、现实超越幻想等。由于千禧一代消费者的特性，促使食品和饮料市场和消费均发生巨大的变革，出现新的消费趋势。例如，纯净的饮料——清洁标签、可持续生产、自然加工、透明性、品味新体验、多样性、弹性素食者效应、无任何添加和非转基因、低糖、健康和福利、添加功能成分等。新的消费趋势迫使食品和饮料公司进一步创新，以迎合和引领市场。欧盟食品和饮料公司的创新驱动力来自消费者对食品或饮料带来的"快乐""健康""方便"等新诉求。而国内市场年青一代的消费理念和观念与国外千禧一代明显不同，"90

后""00后"的消费者受互联网等新媒体和社交媒体的影响更加深重，饮品的消费进入了"看脸""颜值""粉丝"等的时代，这导致了国内茶饮料公司更加注重营销和包装的创新，产品"卖萌""好玩""易传播"更有助于吸引年轻消费者。

4.固体茶饮料

根据国标《固体饮料》（GB/T 29602—2013）固体饮料是用食品原辅料、食品添加剂等加工制成的粉末状、颗粒状或块状等，供冲调或冲泡饮用的固态制品，可分为茶固体饮料、风味固体饮料、果蔬固体饮料、蛋白固体饮料、咖啡固体饮料、植物固体饮料、特殊用途固体饮料和其他固体饮料，水分应不高于7%。对于含椰果、淀粉制品，糖渍豆等调味（辅料）包的组合包装产品，水分要求仅适用于可冲调成液体的固体部分。

固体茶饮料是以茶叶的提取液或其提取物或直接以茶粉（包括速溶茶粉、研磨茶粉）为原料，添加或不添加其他食品原辅料和食品添加剂，经加工制成的固体饮料。

风味固体饮料是以食用香精（料）、糖（包括食糖和淀粉糖）甜味剂、酸味剂，植脂末等一种或几种物质作为调整风味主要手段，添加或不添加其他食品原辅料和食品添加剂，经加工制成的固体饮料。风味固体饮料包括果味固体饮料、乳味固体饮料、茶味固体饮料、咖啡味固体饮料、发酵风味固体饮料等。果蔬固体饮料是以水果和（或）蔬菜（包括可食的根、茎、叶、花、果）或其制品等为主要原料，添加或不添加其他食品原辅料和食品添加剂，经加工制成的固体饮料。蛋白固体饮料是以乳和（或）乳制品，或其他动物来源的可食用蛋白，或含有一定蛋白质含量的植物果实、种子或果仁或其制品等为原料，添加或不添加其他食品原辅料和食品添加剂，经加工制成的固体饮料。咖啡固体饮料是以咖啡豆及咖啡制品（研磨咖啡粉、咖啡的提取液或其浓缩液、速溶咖啡等）为原料，添加或不添加其他食品原辅料和食品添加剂，经加工制成的固体饮料。植物固体饮料是以植物及其提取物（水果、蔬菜、茶、咖啡除外）为主要原料，添加或不添加其他食品原辅料和食品添加剂，经加工制成的固体饮料。特殊用途固体饮料是通过调整饮料中营养成分的种类及其含量，或加入具有特定功能成分适应人体需要的固体饮料，如运动固体饮料、营养素固体饮料、能量固体饮料、电解质固体饮料等。其他固体饮料是上述以外的固体饮料，如植脂末、泡腾片、添加可食用菌种的固体饮料等。

一直以来，固体饮料因品种多样、风味独特、易于存放而备受消费者青睐；尤其是那些富含维生素、矿物质、氨基酸等营养成分的固体饮料，可以及时补充人体代谢所需营养，更成了许多人生活中离不开的好伴侣。固体饮料是由液体饮料去除水分而制成的，去除水分的目的一是防止被干燥饮料由于其本身的酶或微生物引起的变质或腐败，以利储藏；二是便于储存和运输。与液体饮料相比，固体饮料具有如下特点：质量显著减轻，体积显著变小，携带方便；风味好，速溶性好，应用范围广，饮用方便；易于保持卫生；包装简易，运输方便。固体饮料的主要质量问题是水分、霉菌超标。其水分含量应低于7%，水分含量过高的固体饮料容易在保质期内结块、潮解甚至引发产品发霉变质。

固体饮料生产的基本流程是原辅料调配、混合、造粒（仅适用部分产品）、脱水干燥（仅适用部分产品）、成型包装、检验。生产过程中的关键控制环节为原辅材料及包装材料的质量控制、生产车间尤其是冷却和包装车间的卫生控制、设备的清洗消毒、配料计量、脱水和包装工序的控制、操作人员的卫生管理等。在以上环节失控容易出现质量安全问题，如设备、环境、冷却包装、人员等环节管理不到位易使微生物超标；原辅材料配料计量控制不到位易造成食品添加剂超范围和超量使用；包装材料、脱水干燥等环节的质量及工艺控制不到位，易使产品的水分超标。固体饮料的出厂检验包括水分一项，因此通常出厂时产品的水分是合格的。抽查时出现水分超标，多数是由于包装材料质量不过关或包装工序中密封不严导致产品在存放过程中吸潮造成的。

随着人们消费观念的转变以及国内固体饮料企业的精耕细作，由于固体饮料方便、快捷、品类繁多的特点，受到越来越多消费者的青睐，固体饮料行业步入快速发展通道，行业内企业数量和行业产销规模不断扩大。近年来行业产值快速增长，以速溶咖啡、速溶茶、奶粉、奶茶、果粉为代表的产品占据了固体饮料行业的主要市场份额。奶茶产品成为固体饮料的新主力，2020 年中国固体奶茶行业市场规模为 48.9 亿元。奶茶产品的热销也带动了整个固体饮料行业的快速发展。

以下介绍几款固体茶饮料配方。

（1）枸杞、薄荷固体茶饮料

原料：绿茶 10~20 份、红茶 3~6 份、枸杞 3~5 份、薄荷 1~2 份、果糖 3~5 份、柠檬汁 2~3 份、甜菊糖苷 1~2 份、木糖醇 5~10 份、添加剂 1~3 份、纯净水 30~50 份。制备的固体茶饮料在各种原料的共同配合作用下，不仅口感佳，而且营养物质丰富，固体茶饮料还含有大量的维生素 C，有利于身体健康，同时通过植物乳杆菌进行发酵处理，固体茶饮料中含有大量的有益菌，食用有利于胃蠕动，增强食欲。

（2）胶原肽固体奶茶饮料

胶原肽奶茶是以胶原肽、红茶粉、奶粉、白砂糖和植脂末为主要原料配制而成的，影响其品质的主要因素是胶原肽、红茶粉、奶粉和白砂糖。优化配方：胶原肽 10%、红茶粉 2.5%、全脂奶粉 20%、白砂糖 45%、植脂末 22.5%，按照该配方配制的胶原肽奶茶各项指标均符合相关标准要求，且口感好。

（3）保健普洱姜茶速溶固体饮料

普洱姜茶速溶固体饮料为非酒精饮料。该速溶饮料是以生姜、干姜为活性成分，配以普洱茶粉制成的速溶饮料，每 100 克饮料的组分及用量为：生姜 30~60 克，干姜 1~3 克、普洱茶粉 5~10 克、白糖粉 20~30 克。制备方法是：生姜榨汁；生姜滤渣低温分离出三种稠膏；稠膏与姜汁混匀、干燥、粉碎成浸膏干粉；干姜经清洗、干燥、粉碎成干姜微粉；将浸膏干粉和干姜微粉加白糖粉混匀，再加入姜汁及适量 75% 乙醇混匀制软材，造粒，干燥，即制成本款固体茶饮料。该饮料有疏调胃气、运脾化滞、消食化积、化气除湿、激动脾胃的功能，是一种具有保健功能的饮料。

5. 碳酸茶饮料

碳酸茶饮料是指将速溶茶粉（浓缩茶汁）、糖、香精香料、酸等辅料溶解调配后，再冲入碳酸气的茶饮料，其加工工艺借鉴了传统的碳酸饮料的加工方式，并结合了茶饮料的独特风味特征，旭日升冰茶是该类型的典型代表。碳酸茶饮料不同于其他茶饮料产品的灌装、杀菌工艺，通常采用调制原浆、再经碳酸化、冷灌装的碳酸饮料加工工艺，这种工艺可以很好地解决热灌装带来的"熟汤味"，也可使茶叶中维生素和茶多酚等物质的破坏程度降到最小。按照茶饮料国家标准（GB/T 21733—2008）中规定：碳酸茶饮料中茶多酚含量≥100 毫克 / 千克，咖啡因含量≥20 毫克 / 千克，二氧化碳气体含量（20℃容积倍数）≥1.5。碳酸型茶饮料因含有二氧化碳，能起到杀菌、抑菌的作用，还能通过蒸发带走热量，起到降温作用，因而深受广大青年消费者的青睐。

6. 咖啡茶饮料

市售的茶饮料及咖啡饮料品种都很多，但同时加入咖啡和茶的饮料是较新颖的饮料产品，即咖啡茶饮料。咖啡茶饮料是一种同时添加咖啡和茶的饮料，其主打的产品卖点是提神祛困意，对都市年轻人较有吸引力。咖啡茶饮料综合了咖啡和茶的优点，同时保留了咖啡和茶的香气，具有二者各种营养成分的有益功效，长期饮用能够提神健身、消除疲劳、生津清热、降低心血管疾病、防止辐射等；同时，咖啡茶饮料也克服了咖啡和茶的缺点，去除了咖啡的部分苦味，口感较好，能够降低血糖、血压。咖啡茶饮料的发展处于起步阶段，目前市场上主要销售的咖啡茶饮料产品如表3所示。

表3　国内主要咖啡茶饮料产品名单

品牌	品名	类型	规格
时萃	时萃冻干即溶茶咖啡	速溶粉	2.0 克
永璞	永璞冷萃蜜桃乌龙茶咖啡 2.2 克	速溶粉	2.2 克
鹰集	鹰集精品冷萃即溶咖啡小茉莉茶咖啡	速溶粉	2.1 克
鹰集	鹰集精品冷萃即溶咖啡玫瑰茶咖啡	速溶粉	2.1 克
鹰集	鹰集精品冷萃即溶咖啡乌龙茶咖啡	速溶粉	2.1 克
雀巢	雀巢咖啡茶咖啡拿铁金牌路意罗士	浓茶汁	19 毫升
雀巢	雀巢咖啡茶咖啡拿铁金牌西岚玫瑰茶咖啡	浓茶汁	19 毫升
雀巢	雀巢咖啡茶咖啡拿铁金牌葛蕾珀爵茶咖啡	浓茶汁	19 毫升
一包生活	双萃茶咖饮	浓茶汁	25 毫升

品牌	品名	类型	规格
SAYCOFFEE	SAYCOFFEE 抹茶冷萃咖啡	液体饮料	280 毫升
Maeil	每日咖啡师即饮咖啡饮料	液体饮料	250 毫升
娃哈哈	咖茶（Teaka）	液体饮料	400 毫升

关于茶与咖啡能否共同饮用的问题，目前尚未见茶与咖啡共同饮用会危害健康的研究报道。大部分担忧是出于茶与咖啡都含有咖啡碱，若二者共同饮用会造成咖啡碱摄入过量而危害健康。但事实上，专家建议成年人每天咖啡因的安全摄取量为每天不超过 300 毫克，约相当于饮用 2~3 杯咖啡，或 5 瓶瓶装茶饮料，或 8 瓶听装可乐。例如，一款娃哈哈公司出品的茶咖（Teaka）饮料，从配料表上看，速溶咖啡粉和红茶粉的添加量分别只有 1.5 克 / 升和 1.0 克 / 升，经计算，一瓶 400 毫升该茶咖饮料约含咖啡因 30 毫克。即每天饮用不超过 10 瓶，对健康的成年人来说即是安全的。另外市售的几款有咖啡碱含量标识的咖啡茶饮料产品（液体或固体速溶粉末），每份的咖啡因含量为 30~100 毫克。因此，每天喝几瓶或冲饮几包咖啡茶饮料，所摄入的咖啡因剂量，对于健康成年人来说都是安全的。

介绍几款咖啡茶饮料配方实例。

（1）绿茶咖啡

绿茶咖啡饮料，按照重量百分比组成的成分配方为：白砂糖 20%~25%、速溶奶粉 20%~25%、绿茶精粉 5%~8%、咖啡粉 3%~8%、β 环状糊精 0.5%~0.7%、咖啡香精 0.02%~0.05%、阿斯巴甜 0.01%~0.02%。该产品口感细腻，醇香味适宜，对人体具有降脂、减肥、降压、提神、养胃、抗衰老、抗动脉硬化、解酒护

茶饮料

肝、缓解疲劳的效果。

（2）咖啡红茶

咖啡红茶的制备方法包括以下步骤：①红茶粉的制备：将红茶熟茶烘烤增香粉碎，将粉碎的熟茶与水混合进行超声蒸煮，得到红茶熟茶汤，将红茶熟茶汤浓缩干燥，得到红茶粉；②发酵鸡蛋液的制备：将鸡蛋液加入水中进行搅拌打浆，得到浆液，调节氢离子浓度指数（pH）至5.6~6.8；加入醋酸杆菌进行第一次发酵，发酵温度为21~26℃，发酵时间为48~72小时；向第一次发酵液中接嗜酸乳杆菌进行第二次发酵，发酵温度为28~32℃，发酵时间为60~80小时，终止发酵，将第二次发酵液进行离心，取鸡蛋液备用；③将步骤②的上清液加热至40~50℃，然后加入红茶粉、咖啡粉、魔芋精粉及奶粉进行均质，得到初步奶茶，再向初步奶茶中加入助溶剂混合后，进行浓缩干燥即可获得咖啡红茶。

该方法获得的咖啡红茶将咖啡与红茶的味道完美结合，并且苦味较低，口感适合，可长期储存，稳定性好。

（3）新型茶咖啡饮料

茶叶水提物、咖啡、单糖或低聚糖（改味）、糊精、果胶、阿拉伯胶和羧甲基纤维素（赋形）等按一定比例混合加工而成。各种成分的重量百分比为：茶叶提取物45%~65%、咖啡10%~30%、辅料10%~25%。本饮料既有茶叶的口感和营养，又有咖啡的香气与功能，工艺简单，原料来源丰富，可满足国内外消费者的需求。

7. 茶醋饮料

茶醋饮料是在食醋生产过程中添加茶原料，在生产出的茶醋基础上，加入糖、果汁、植物提取物、香精等成分配制而成的饮料。茶醋饮料具有茶的芬芳和醋饮料酸甜可口、消食化积、降脂减肥、美白嫩肤、营养保健等功效，是饮料行业的新兴产品，受到消费者的喜爱。

按质量百分比，茶醋 30%~40%、果汁 10%~15%，其余为水。该茶醋饮料具有茶的浓香味，口感好，酸甜爽口，加冰或冷藏后，口感更佳。还可以用茉莉花、百合花、柠檬、金菊等植物提取物进行调味，制成风味独特的营养保健茶醋饮料。

8.红茶菌饮料

红茶菌又名"海宝""胃宝"，是用糖、茶、水加菌种经发酵生成，菌种是酵母菌、乳酸菌和醋酸菌的微生物共生群落，英文简称为"Scoby"。由于红茶菌能帮助消化，治疗多种胃病，所以有些地方称为"胃宝"。红茶菌富含维生素 C、维生素 B 等营养物质，并含有 3 种对人体有益的微生物，因此能调节人体生理机能，促进新陈代谢，帮助消化，防止动脉硬化，抗癌，养生强身，尤其对萎缩性胃炎、胃溃疡疑难病有很好的治疗作用，而且还有调节血压、改善睡眠的效果。红茶菌能治疗多种慢性疾病，如高血压、动脉硬化、冠心病、糖尿病、便秘、痔疮、肥胖症、斑秃、白发、白内障、风湿性关节炎、胃炎、痢疾、贫血、核黄素缺乏等。我国市场上灌装红茶菌饮料是由御膳堂出品的红茶菌饮料。其配料为红茶菌（含酵母菌、醋酸菌、乳酸菌）、水、白砂糖、蜂蜜、茶叶、三氯蔗糖。

红茶菌有着悠久的历史，可以追溯到秦朝。在东晋义熙十年（公元 414 年），红茶菌曾用于给赞王医治消化不良症。红茶菌起源于我国渤海一带，后来传入苏联，在苏联高加索一带培养应用。直到 1953 年，日本的一位俄文女教师从高加索带回日本进行培养，然后又由日本流传到世界各地。近年来，红茶菌在日本及欧美兴起了应用和研究的新高潮，成为一种盛行全世界的养生保健饮料。

欧美市场火爆销售的康普茶，就是红茶菌饮料。从 2016 到 2020 年，康普茶市场每年的增长率达 25%，北美地区是最大的消费市场，占据全球市场份额的 39%。尽管美国是康普茶最发达的市场，但在欧洲，康普茶的种类也在不断增长，因为这种饮料的天然性和功能性定位符合健康趋势。法国、德国和英国是康普茶在欧洲最大的市场，这三个国家的市场销售额在全球占 45%。其市场演变表明，除了千禧一代的核心消费者之外，这种饮料还能吸引其他客户群。除瓶装外，康普茶开始在一些时尚行业拓展销售，包括一些米其林星级餐厅。预计到 2024 年，全球康普茶饮料的市场将达到 44.6 亿美元。

（1）红茶菌饮料制作方法

红茶菌是由红茶（或绿茶、乌龙茶、普洱茶等）、白糖（或冰糖、蜂蜜）、混合菌种、水酿制而成。其培养方法如下：①培养液的制作：1 克茶叶用白纱布包好放入 1 升开水中浸泡 2~3 分钟，而后捞出；放入 25 克白糖使溶化；把茶叶水冷却到 35℃以下即可。②接种培养：在消毒过的大口玻璃瓶里或者瓷缸里培养。加入适量母菌液，冲洗内壁后倒掉；再把母菌液、菌膜、晾凉的培养液加入培养瓶，用纱布封口防虫防尘；把培养瓶放在没有阳光直射的地方培养，温度高发酵快，温度低发酵慢，一般在 30~35℃发酵一个星期，菌液表面结成乳白色新鲜菌膜；培养液发酵成甜酸的红茶菌液，即可饮用。红茶菌液不要饮完，留下部分菌液亦可继续如上法培养饮液，循环不绝。

（2）红茶菌饮料饮用方法

为了保持菌液中酵母菌和乳酸菌的活性，培养后的菌液应随倒随喝，不应装入瓶内或冷藏在冰箱中。为了避免菌液过酸，刺激肠胃，甚至引起并发性的酸中毒，可用凉开水冲稀菌液饮用，但忌用冰冻水。根据饮用者自身体质，每天饮用一次或多次。饮用时宜加入 2 倍的凉开水冲淡饮用，使菌液酸甜可口。红茶菌是营养饮料。但有些初饮者服用红茶菌后会出现副作用：①过敏反应，因红茶菌含有有机酸，患有酸过敏的人饮用可能会感觉不适，甚至出现过敏反应，如皮肤发痒。②肾脏功能不全的人若过量饮用，会导致肾脏超负荷工作，或可导致关节炎、腰痛、神经痛、痛风、肾病等。③某些初饮者服用红茶菌后可能出现如兴奋、失眠、胃酸、轻度腹泻等副作用。因此，初次饮用红茶菌饮料，应以少量为原则。若饮后身体不适，应停止饮用或就医。

9. 复（混）合茶饮料

以茶叶和植（谷）物的水提取液或其浓缩液、干燥粉为原料，添加（或不添加）少量食糖和食品添加剂加工制成的、具有茶与植（谷）物混合风味的液体饮料。在茶饮料国家标准中，复合茶饮料中的茶多酚含量 ≥ 150 毫克 / 千克，咖啡因含量 ≥ 25 毫克 / 千克。日本研制出了品种繁多的复合茶制品，如玄米茶、薏苡茶和苦荞麦茶。1994 年，可口可乐公司推出的"爽健美茶"复合茶饮料在日本上市，已经风靡 20 余年。近年来，韩国的"大麦复合茶系列"等复合茶饮渐渐占据韩国茶饮主流市场。我国目前复合茶饮料行业仍属萌芽阶段，但其保健功能逐渐受到关注。以下介绍几款复（混）合茶饮料的配方。

（1）桑椹茶混合汁复合乳酸菌饮料

制作方法：以优质桑椹、绿茶为原料，用德氏乳杆菌保加利亚亚种和嗜热链球菌为菌种，进行菌种活化和驯化，确定菌种，中间种子扩大液，发酵液及发酵饮料口感稳定性的最佳工艺配方。用德氏乳杆菌保加利亚亚种和嗜热链球菌按 1 : 1 的比例作为菌种；种子扩大液的最佳配方：桑椹、绿茶混合汁，配比 6 : 4，2% 葡萄糖，4%脱脂乳，1%接种量；发酵液配方：桑椹、茶混合汁，配比6:4，发酵温度41℃，发酵时间12小时，接种量5%；发酵饮料调配最佳配方：发酵原液中添加蔗糖5%，柠檬酸0.06%，CMC-Na0.1%，黄原胶0.01%。所生产的桑椹果和绿茶混合汁具有浓郁的桑椹及绿茶香气，滋味酸甜爽口，同时添加的复合乳酸菌对肠道健康十分有益，无其他添加剂，特别适合老人、儿童及有减肥塑形需求的青年人饮用。

（2）营养保健复合茶饮料

以茶、红枣、绿豆、枸杞浸提液为主要原料，浸提液比例、加工工艺和灭菌条件对茶饮料品质有较大的影响。复合茶饮料最佳配方为：茶汁、绿豆汁、枸杞汁、红枣汁，混合的比例为6:4:3:5（V/V），羧甲基纤维素钠添加量0.05%、异抗坏血酸钠添加量0.015%、柠檬酸添加量0.01%、白砂糖添加量2%、添加0.45克/千克山梨酸钾在85℃下杀菌10分钟，可达到商业无菌，产品感官品质最优。本产品是一种既有茶的清香，又有绿豆、红枣和枸杞香味的复合型保健茶饮料。

（3）玉米乌龙茶饮料

玉米茶饮料为一种营养、保健饮料。玉米茶饮料是由以下重量份数比的原料制成：玉米4~9份、乌龙茶1份、玉米须0.1~1.0份、乳化剂0.003~0.006份、植物油0.003~0.006份及稳定剂0.01%份，维生素C0.02%份和适量的甜味剂，并将上述玉米、乌龙茶、玉米须加水进行浸提，滤除固体，再加入乳化剂、植物油和稳定剂、维生素C及适量的甜味剂，然后经均质，杀菌制成的饮料。其制法步骤如下，按以上重量份数比称取原料，浸提，调配：向每1升浸提液中加入0.10~0.30克的维生素C和用量为0.01%的稳定剂及适量甜味剂，再将乳化剂调和在植物油中，将调配液加入浸提液中，均质：将上述液体在 65~80℃，20~30MPa 的条件下，在高压均质机中均质 2~3 遍。经杀菌冷却后灌装即成成品。

10. 新式茶饮

新式茶饮崛起，抢占茶饮市场。伴随着消费升级，茶饮这个细分领域内催生出一个新的消费风口——新式茶饮。新式茶饮，是指采用优质茶叶、鲜奶、新鲜水果等天然、优质的食材，通过更加多样化的茶底和配料组合而成的中式饮品，已成为年轻人接触传统茶的窗口。"90 后"与"00 后"消费者成为新式茶饮主流消费人群，占整体消费者数量近七成，其中近三成的"90 后"与"00 后"消费者购买新式茶饮的月均花费在 400 元以上。54% 的消费者选择通过线上渠道购买新式茶饮。

2016—2019 年，中国现制茶饮市场规模持续快速增长，2019 年，中国现制茶饮市场规模（包括传统奶茶、传统茶饮、新式茶饮，咖啡现饮，其他鲜榨果汁、鲜奶酸奶等）达到 1405 亿元。2020 年中国新式茶饮消费者规模正式突破 3.4 亿人，新式茶饮市场规模约达到 1020 亿元，到 2021 年会则突破 1100 亿元。

在满足消费者对饮品需求的同时，为消费者提供社交场所也成为线下茶饮店提高自身吸引力的王牌之一。新式茶饮品牌还仿照星巴克的"第三空间"，利用店面的空间设计来吸引客流，注重空间创新，营造舒适的消费空间，利用空间与消费者进行联结，在空间设计细节上满足年轻人爱拍、爱晒、爱分享的社交心理，进而营造质感层次丰富的空间体验，成为其品牌价值的传递载体。经过消费者的传播来继续维持高关注度，由此更大地发挥了门店在运营策略中的作用。

相比之下，过去的瓶装饮品正在脱离年轻人群的消费理念。

八成消费者对新式茶饮的品牌忠诚度较高，消费者更倾向选择头部品牌和高品质的产品。与2019年相比，2020年新式茶饮消费者购买频次有所增加，超过八成的消费者每周至少购买一次。总体来看，女性消费者在各年龄层的占比中仍处于主导地位，但相较2019年数据，男性消费者的比重有了明显提升，男女比例从3∶7提升至4∶6。

"品质安全"已经超越"口感口味"成为消费者首要的考量因素。另外，健康仍然是消费者关注的重要内容，近七成的消费者会选择降低糖度，2018年这一数据则为五成。同时，植物基、0卡糖、燃爆菌等健康元素也被广泛应用于新式茶饮产品中。在追求健康的风潮下，新式茶饮的品类在奶盖茶、鲜果茶的基础上，也涌现出了鲜果气泡茶、水果奶茶等新品类。

新茶饮是以年轻"新新"消费者为主要客群的茶饮品牌。他们的产品及品牌都有以下"三新"的特点：一是新鲜食材，新茶饮的产品中，会使用新鲜的牛奶、水果、芝士、坚果、木薯等丰富食材；二是新技术，加工制售过程中，重视数字化和新技术的应用，实现人机的高效合作；三是用新的视角呈现品牌价值，重视顾客体验，特别重视顾客对品牌的认同感。

从产品上说，新茶饮产品，如水果茶、冷萃茶、花果拼配茶，采用的都是茶叶现萃，而奶盖茶也开始使用鲜奶而非奶精调制。跟传统茶比，它形态更丰富，颜值更高、更时尚，口味更多元；跟奶茶比，新茶饮则更加讲求天然和健康，以及更高级的消费体验。

从品牌上看，新茶饮品牌在探索全渠道融合上较为活跃，通过销售新零售周边和卡券等产品，挖掘出更深层次场景。尤其在品牌打造上，除门店场景管理外，品牌运营创新也层出不穷，跨界、潮文化、品牌周边、会员管理等方式引领国内餐饮行业。

2021年1月15日，中国人力资源和社会保障部新增"调饮师"为新职业。调饮师是对茶叶、水果、奶及其制品等原辅料通过色彩搭配、造型和营养成分配比等完成口味多元化调制饮品的人员。主要工作任务为采购茶叶、水果、奶制品和调饮所需食材；清洁操作吧台，消毒操作用具；装饰水吧、操作台，陈设原料；依据食材的营养成分设计调饮配方；调制混合茶、奶制品、咖啡或时令饮品；展示、推介特色饮品。此次调饮师职位的公示消息，也是国家层面、社会层面正在看到并重视新茶饮的发展，认可新式茶饮工作人员的职业资格。

以下介绍一款幽兰拿铁新式茶饮实例。

原料：雀巢牛奶100毫升、植脂奶油20毫升、果糖30毫升、斯里兰卡红茶浓缩茶基100毫升、纯净水50毫升、冰块120克、淡奶油35克、碧根果碎适量。

制作方法：浓缩茶基→淡奶油制作→混合原料→搅拌→撒奶油果碎。

浓缩茶基：1300毫升纯净水加热烧开，100克斯里兰卡红茶装入茶袋，用三段下茶法下茶闷泡9分钟后提起茶袋自然滤干茶基，加冰块至1500毫升搅拌至冰块完全融化后冷藏备用（冬天加热水至1500毫升保温或者常温备用）。

淡奶油制作：器具装入淡奶油200毫升，然后再加香草糖浆30毫升后打至全发，装到裱花袋里（可冷藏保存2天）。

混合原料：在冷杯中依次加入雀巢牛奶100毫升、植脂奶油20毫升、果糖30毫升、斯里兰卡红茶浓缩茶基100毫升、纯净水50毫升、冰块120克。

搅拌：然后将冷杯放在奶昔搅拌机上搅拌3秒后装入纸杯。

撒奶油果碎：最后再盖上事先打发好的淡奶油花 35 克，并撒上适量碧根果碎即可。

茶饮特点：细腻、丰富的奶油泡沫，红茶底的奶茶，撒上一层香脆的坚果，有种巧克力的香味。

三、茶饮料加工工艺

1. 萃取技术

茶汤的萃取一般包括高温萃取工艺、低温萃取（冷萃）工艺、微波辅助萃取和超声波辅助萃取工艺等。高温萃取工艺是目前茶饮料生产中采用较多的一种方法，是企业生产主流技术。其优点表现在茶叶浸出物、茶多酚、氨基酸等可溶性固形物的提取率高，但同时也因为萃取温度高会产生一系列负面影响，如茶黄素、茶红素会部分分解，类胡萝卜素和叶绿素等色素的结构会产生变化，茶汤色泽较深，以及香气成分逸失等。高温萃取的最佳工艺参数一般为温度 80~90℃，时间 10~15 分钟，料液比（茶水比）1:30~1:50。低温萃取工艺对茶汤中茶多酚及香气物质等影响较小，能较好地保持茶汤原有的风味和滋味，同时也能减少液体茶饮料"冷后浑"现象的出现。低温萃取工艺在温度的选择上范围较大，有的采用 50~60℃萃取工艺，有的选择接近室温（20~30℃）进行，还有的采用 5℃左右的冷萃工艺。采用低温萃取工艺通常表现为萃取时间的递延（一般情况下萃取时间约为 4 小时），分子量小、极性较强的氨基酸和非酯型儿茶素等组分较易溶出，而 EGCG 等酯型儿茶素较难溶出，故茶汤的口感鲜爽甘甜而无明显的苦涩感。微波 / 超声波辅助萃取与传统加热萃取相比较，一般具有萃取时间短、萃取效率高的特点，特别是当低温萃取和超声波辅助相结合时在保证茶汤滋味和香气的基础上，可有效提高萃取效率。

另外，国内外茶饮料的快速发展，促进了茶饮料原料的开发和应用。以速溶茶、茶浓缩汁为代表的茶饮料原料在过去20多年中也得到了快速的发展。2010年前，速溶茶、茶浓缩汁产品广泛地被应用于瓶装茶饮料、杯装固体奶茶和餐饮现调水果茶、奶茶的制作。为此，中国饮料工业协会专门组织制定了《食品工业用速溶茶》（QB/T 4067—2010）、《食品工业用 茶浓缩液》（QB/T 4068—2010）两项轻工业标准。

目前，国内速溶茶和浓缩汁的生产技术研究和开发也得到了快速发展。逆流连续萃取技术、茶香气萃取和回收技术、膜分离技术、冷冻干燥技术、薄膜蒸发技术、瞬时高温灭菌技术、无菌包装技术、超临界萃取技术等先进的加工工艺和技术被开发应用于速溶茶与浓缩汁的生产，极大地提高了速溶茶的风味品质。现国内已经开发生产了100多种不同产地、茶类、特性（如冷溶性、密度、特征成分含量）和用途的速溶茶和浓缩汁产品，中国成为速溶茶最大的生产国和消费国。中国生产的速溶茶还大量出口至世界各地。全球运动营养品、膳食补充剂、纯净饮料（清洁标签）的增长促进了速溶茶需求的增长。

进入2010年以后，各大饮料公司已经不满足于速溶茶或浓缩汁的风味，开始以"现泡""原叶""直接萃取"的概念推广瓶装茶饮料，逐渐采用茶叶直接萃取制作瓶装茶饮料的模式，从而对茶叶原料的来源、香气、滋味、安全性和价格提出了新的要求，促进了传统制茶工艺和技术的改进与创新。滋味醇厚不苦涩，特征香气突出和稳定，能与花、果香味协调，价格适中，安全性好的茶叶原料开发成为制茶工业的新课题。

2. 澄清技术

"冷后浑"是指茶汤冷却后出现浅褐色或橙色乳状的浑浊现象，所形成的沉淀物质可以成为茶乳酪，冷后浑现象一直是困扰茶饮料加工的一大技术难题。为保证茶饮料产品的清澈透亮，需充分利用不同的澄清技术来抑制或阻止茶沉淀的形成。目前，茶饮料的澄清方法主要包括物理法、化学法和酶法，在国内，茶饮料加工企业多采用物理或化学转溶方法来去除或抑制沉淀的形成。传统的硅藻土过滤澄清技术可使乌龙茶汤体系澄清黄亮，滋味醇和鲜爽，略苦涩，清香花香显焙烤香。陶瓷膜澄清工艺可以使茶汤澄清度明显提高，但茶汤滋味明显变淡，咖啡因含量显著下降。相比较而言，膜过滤技术可以在保留茶饮料风味和色泽的前提下，有效去除茶乳酪，因此该技术也是目前茶饮料澄清技术的研究热点。酶法澄清技术主要是利用单宁酶水解酯型儿茶素生成简单儿茶素和没食子酸，而没食子酸能与咖啡碱形成小分子水溶物，从而降低茶汤苦涩味、减少茶乳酪形成、增强速溶茶冷溶性和稳定性。目前，酶法澄清中主要使用单宁酶、蛋白酶和果胶酶。

3. 风味调配技术

茶饮料的风味调配是茶饮料加工的关键技术，也是产品化学成分标准化及感官品质指标的关键控制点。由于茶饮料的国家标准《茶饮料》（GB/T 21733—2008）对茶多酚、咖啡因、果汁（果茶产品）和蛋白质含量（奶茶产品）均有明确规定，这是茶饮料调配中成分标准化的重要依据。另外，茶饮料的色泽、滋味和香气是评价其感官品质的关键指标，而人的感官判断又依赖于味觉、嗅觉、视觉和触觉等多个方面，因此茶饮料在风味调配时常选择甜味剂（糖类和糖醇类）、酸味剂（柠檬酸、酒石酸、富马酸、乳酸或苹果酸）、香料、果汁和奶制品等多种原料，通过不同搭配形成丰富多彩的口感滋味，为获得较为均衡和舒适的口感，在调配过程中还必须考虑浓度、酸碱度和温度等各种因素对呈味特性的影响。茶饮料调配的一般程序是：首先，根据国家标准限定的指标要求和澄清茶汁的实际含量确定纯净水的添加量，通过水对澄清茶汤的稀释使产品的茶多酚、咖啡碱等成分含量不低于标准限定值。然后，再根据茶汁量计算出甜味剂、酸味剂、香料、抗氧化剂、防腐剂等添加量。甜味剂若采用白砂糖需提前热溶、出沫和过滤处理，之后依次加入酸味剂、咸味剂、香精、防腐剂等。

4. 杀菌技术

有研究表明，红茶、乌龙茶饮料中的不良气味来自不稳定的香气化合物经高温杀菌所产生的劣变，而绿茶饮料中的不良气味是由于非挥发性前驱物衍生的挥发性化合物所致。特别是绿茶饮料，在经高温灭菌后汤色褐变、风味丧失及冷后浑浊等问题尤为严重。20世纪80年代，超高压技术已开始用于食品杀菌，现有研究表明，压力小于400兆帕和室温条件下不能完全杀灭绿茶汤中的细菌孢子，但若采用300兆帕压力和100℃温度以下杀菌有望成为茶饮料的灭菌技术发展方向。高压脉冲电场技术是一种新兴的非热杀菌技术，它不仅具有良好的杀菌效果，而且能较好地保留食品的营养成分、色泽、风味和质构，几乎可以适合所有的可以流动的食品等物料的杀菌。当电场强度40千伏/厘米、处理时间120微秒，绿茶饮料中接种的大肠杆菌数量可降低5个对数级以上，并且绿茶饮料样品中茶多酚含量及色泽均无明显变化。

5. 包装技术

茶饮料的包装材质主要有玻璃瓶、马口铁易拉罐、铝质易拉罐、PET瓶和BOPP瓶等，从灌装技术上分为耐热PET瓶热灌装技术、PET瓶准高温灌装技术和无菌冷灌装技术。玻璃瓶、马口铁易拉罐、铝质易拉罐等包装一般采用高温高压灭菌灌装，饮料品质相对较差。耐热PET瓶热罐装技术的主要工艺流程为：茶汁经135℃、10秒超高温瞬时灭菌后趁热灌装，灌装温度在85~90℃，封盖后平放或倒置，进行一定时间的杀菌后冷却即可。BOPP（双向拉伸聚丙烯薄膜）瓶准高温灌装技术是通过与之配套的灌装生产线、灌装环境的要求以及后续工艺，在不添加任何防腐剂的前提下达到茶饮料保鲜的目的。由于该工艺仍然需要相对较高的灌装温度（85℃），PET瓶需要一定的重量（500毫升瓶子需要33克以上，并需对瓶设置加强筋）。无菌铝纸复合包和无菌PET瓶可采用无菌冷罐装，该工艺可实现常温灌装，也不用添加防腐剂，但生产设备要求严格消毒和百级灌装无菌环境，因此投资较大。

四、影响茶饮料质量的因素

1. 水质

水是茶饮料的主要组成部分，其品质对茶饮料影响甚大。一般来说，水中的钙、镁、铁、氯等离子影响茶汤的色泽和滋味，会使茶饮料发生混浊，形成茶乳。当水中的铁离子含量大于5ppm（百万分之五）时，茶汤将显黑色并带有苦涩的味道；氯离子含量高时会使茶汤带腐臭味。茶叶中的植物鞣质与多种金属离子可以反应，并可生成多种颜色。所以自来水是绝不能直接用来生产茶饮料的。生产品质较佳的茶饮料必须用去除离子的纯净水，pH值为6.7~7.2，铁离子小于2ppm，永久硬度的化学物质含量要小于3ppm，才能保证茶饮料的第一道清新色泽和味道。

2. 原料

茶叶可分为绿茶、红茶、乌龙茶、黑茶、白茶、黄茶、花茶等，各类茶风味各异。成品茶由于其茶青品质不同、产地不同及制茶技术、储存好坏有异而形成不同的风味，同时其可溶性成分也不一样。茶青的品质又与茶树品种、生长地区的土壤、日照、肥料、栽培方法及采集季节、茶芽水分有很大关系。成茶的品质在茶青的基础上取决于加工技术。例如，茶青堆放时的厚度、发酵时间掌握、焙烘温度和水分控制等。好的成品茶如果储放不当引起受潮或霉变都会导致茶饮料产品质量的下降。

3. 萃取方法

直接影响茶叶中可溶性物质萃取率和萃取液品质的因素是水温、萃取时间、原料颗粒大小、茶叶与水的比例及萃取方式。水温越高，萃取时间越长、原料颗粒越小、茶叶比例越大，萃取率越高，但茶汤的苦涩味会越重，生产成本也越高，香味新鲜度也会受影响。而萃取是否采用多级方法，也将影响茶汤品质。

4. 混浊和沉淀

避免和消除茶饮料中的混浊和沉淀是茶饮料生产的关键技术。茶叶萃取液冷却后会产生白色茶乳沉淀，是由茶叶中的茶多酚及其氧化分解物与咖啡碱络合生成的，这种沉淀又被称为"茶乳酪"。此外，蛋白质、果胶、淀粉等大分子物质也容易出现沉淀，而水中离子又是促进混浊和沉淀的首要原因。

茶饮料一般是由多种配料调配而成的，各种配料理化性质不一、调配时投料顺序不当等都会造成某些成分发生化学变化而生成难溶的物质。例如，调料时将柠檬酸和防腐剂苯甲酸钠同时投入，在料液酸度较高的条件下，苯甲酸钠中的钠离子析出，产生大量难溶于水的白色片状沉淀物。

茶饮料中的添加剂也会影响其品质。例如，增色剂可提高产品的色感和风味，但如果选用不当，反而会降低产品的稳定性，产生悬浮物和沉淀物。茶饮料中的甜味剂质量也很重要，一般使用蔗糖，但有些蔗糖纯度较差，含有胶体物质和杂质，若不处理就直接使用，会产生胶体物质聚沉。

五、科学选择茶饮料

天热补水很重要，有些人不想喝白开水，但是又害怕碳酸饮料对健康有害，因此，以有益健康、原汁原味为理念的茶饮料就成了消费者的首选。虽然相比纯水口味丰富，相比碳酸饮料、乳汁饮料少糖、少脂，但市场上大多数的茶饮料跟真正的茶水质量是有差距的。消费者在选购茶饮料时最好到大商场购买知名品牌的产品，选择有 QS 标志的产品。注意产品的标签标识，茶饮料的标签应标明产品名称、产品类型、净含量、配料表、制造者（或经销者）的名称和地址、产品标准号、生产日期、保质期。消费者在购买茶饮料时要注意以下几点。

1. 茶饮料不能替代水饮用

适量饮用茶饮料有益健康，但茶饮料不能替代水饮用。包括茶饮料在内的很多饮料，事实上并没有按照人体所需进行配方，喝再多的饮料也不能代替饮水。喝茶饮料后，人体需要对茶饮料内的如糖、脂、酸等各种成分进行吸收转化，这一过程则需要消耗机体内储藏的水分，若饮用高糖、高脂的新型奶茶饮料后，往往越喝越渴，就是这个道理。因此，饮用茶饮料虽好，但不能替代正常人体对饮水的需求。

2. 理智看待茶饮料广告

消费者应理智选择茶饮料，不被广告明星效应左右。巨额或超常规的广告投入是进入市场的一个无形门槛。当前各厂商多选择电视媒体、明星代言的广告方式，而对市场的地区差别、文化品牌内涵，没有较专业的战略方案。铺天盖地的广告虽造就了一个个时尚茶饮品，但没有哪一家公司旗下的饮品能够真正赢得较高的市场忠诚度，只得靠不停的广告投入和一些非真正严格意义的茶饮料新品来吸引不同的消费者，得以维持或扩大市场份额。事实上，无论是康师傅，还是统一、娃哈哈，都不是以茶饮料造就其品牌的，这些公司的茶饮料业绩不能排除其明星广告的外部效用。几角一瓶的饮品因巨额广告费变成几元，每年给消费者增加几十亿元的额外负担。不仅浪费了资源，而且使本行业厂商们都只得按照同样的模式继续前行。因此，消费者在选择茶饮料时应理智选择适合自己的茶饮料，不被广告明星效应左右。

3. 分清茶饮料种类

茶饮料品种多，大多数未标注茶多酚含量。茶饮料按风味不同，分为纯茶饮料、复（混）合茶饮料、调味茶饮料，此外还有原味和原叶、低糖和无糖之分，口味也是多种多样，但从健康角度讲，选择茶饮料的主要指标就是茶多酚含量。我国茶饮料国家标准《茶饮料》（GB/T 21733—2008）中对茶多酚含量做出明确规定，茶饮料中茶多酚含量需 ≥ 300 毫克/千克，但对调味茶饮料的茶多酚含量要求相对较低，要求 ≥ 100 毫克/千克。由于国家没有强制要求标注茶多酚含量，因而很多该类产品未标示其含量，多数用"富含茶多酚"一笔带过；同时，"调味茶饮料"这几个重要文字则被一些商家放在瓶身上不起眼的地方，误导消费者。

消费者可根据标签标注类型选购自己喜欢的产品。花茶应标明茶坯类型；淡茶型应标明"淡茶型"；果汁茶饮料应标明果汁含量；奶味茶饮料应标明蛋白质含量。

4. 尽量选择健康型茶饮料

消费者不应过分追求茶饮料的口感，还应以低脂、低糖、低添加剂的健康型茶饮料为主。市售茶饮料，尤其是现饮型奶茶饮料，往往添加大量的糖、淀粉、脂肪等配料，以满足消费者对于口味的追求，但会造成饮用者摄入热量过多，影响饮用者血糖、血压、血脂。饮用一到两杯全糖奶茶所摄入的能量就是成年人一天需摄入碳水化合物能量的总和。市售的添加珍珠、烧仙草、布丁、芋泥等原料的奶茶，即使是选择"无糖"原味型，其中的淀粉、植脂末等配料也包含了大量的能量。因此，"三高"人士及患有心脑血管疾病人群，尤其需要注意，低脂、低糖、低添加剂的健康型茶饮料应是大家的首先。

另外，市售茶饮料大多属于"调味"茶饮料，有的甚至只能称作"茶味"饮料。这与茶叶直接冲泡的茶水是有很大区别的。茶叶中含有许多对人体有益的成分，如茶多酚、茶氨酸、咖啡碱、茶多糖等，但瓶装茶饮料，在提取加工过程中，会有很大一部分成分损失，且多加入其他食品添加剂，如糖、甜味剂、植脂末（奶茶型）、香精、防腐剂等，因此茶饮料的健康效应不及现饮的冲泡茶水，消费者需理性选择。

5. 注意茶饮料产品的生产日期

茶饮料与茶叶一样，是品质容易变化的商品。瓶装茶饮料产品的保质期一般是 9~12 个月，PET 塑料瓶包装经过严格灭菌，能保证在保质期内微生物不易生长，但其阻隔性能一般，产品易受到光线、温度的影响，货架期越长，产品的色泽和风味越容易发生改变。现调新茶饮产品的保质期在 4℃条件下是 1~2 天，若已开始饮用且环境温度较高，如夏季，则保质期只有几个小时，必须现制现饮，不可长期存放；不然微生物大量繁殖，饮后会造成腹痛、呕吐、腹泻等急性消化道疾病。因此，消费者对于茶饮料的选择，应尽量选用新鲜的产品。

同时选购茶饮料时需观察有无肉眼可见的外来杂质，液体是否透明，是否具有原茶类应有的色泽和品种特征性应有的香气和滋味。果味和果汁茶饮料、碳酸茶饮料应甜酸适口，有清凉口感。

综上，消费者在选购茶饮料时，应注意以下几点：第一，茶饮料适量饮用有益健康，但不可完全替代饮用水；第二，消费者需理性选择茶饮料，不被广告明星效应左右；第三，应分清茶饮料种类，选择标注茶多酚含量高的；第四，尽量选择添加剂少或无添加剂、无糖或者低糖的健康型茶饮料；第五，关注茶饮料保质期，购买知名厂家有质量保障的产品。

茶
食

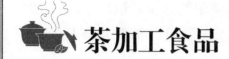

茶加工食品

　　如前文介绍，"茶食"一词首见于《大金国志·婚姻》，载有
"婿纳币……次进蜜糕，人各一盘，曰茶食"。可见，茶食在中国
人的心目中往往是一个泛指名称，既指掺茶作食作饮，又指用于
佐茶的一切供馔食品，还可指用茶制作的食品等。近年来，随着
茶叶深加工的发展，茶叶逐渐向食品领域延伸，即将茶叶与传统
食品相结合，运用现代食品加工技术开发出各种形式的茶食品，
实现传统饮茶向"吃茶"模式转变。茶加工食品在日本、美国等
发达国家 20 世纪时已经开始流行，而我国在 2010 年以后才逐渐
被消费者熟悉。随着人们对茶叶保健成分及保健效果的深入了解，
以及各项茶事活动的宣传推介，茶食品在国内受到了广泛关注，
特别是在福建、广东、山西、四川等地持续热销，市场地位不断
提升。随着茶食品行业的不断发展，越来越多不同种类的茶食品
进入人们的视野。

　　茶加工食品是指以茶叶、茶粉、茶汁、茶提取物或茶天然活
性成分等为原料，与其他可食用原料共同制作而成的含茶食品，
如茶烘焙食品、茶糖果、茶冷冻食品、茶粮食制品、茶酒、茶乳
制品、茶调味品、茶保健食品等。茶加工食品具有天然、绿色、

健康的特点，因其能充分利用茶叶营养成分、发挥茶叶的保健功能、满足人们的保健需求而成为一种引领潮流的新型健康食品。

需要指出的是，含茶烹饪食品（茶膳）如"龙井虾仁""猴魁焖饭"等属于广义的茶加工食品范畴，但本段落重点介绍适用于工厂化、规模化、机械化生产的现代茶加工食品。茶烹饪食品将在本书其他段落介绍。

一、茶烘焙食品

烘焙食品是以面粉、酵母、食盐、砂糖和水为基本原料，加入适量油脂、乳品、鸡蛋、添加剂等，经一系列复杂的工艺手段烘焙而成的方便食品。种类主要有西式糕点、中式糕点、方便面、膨化食品等。它不仅具有丰富的营养，而且品类繁多，形色俱佳，应时适口。

烘焙食品是人们生活所必需的，它具有较高的营养价值。无论面包还是蛋糕，在品种上都丰富多彩，且不断推陈出新。除传统的普通烘焙食品外，近些年又出现了强化营养、注重营养功能的保健型烘焙制品。例如，荞麦保健蛋糕、螺旋藻面包、高纤维面包、全麦面包、钙质面包、全营养面包等，既能在饭前或饭后作为点心品味，又能作为主食吃饱，满足多种消费者的不同需要。烘焙食品作为居民日常生活中的重要部分，已经成为部分消费者的主要食物，超过了传统米面制品的消费。未来，随着我国城镇化进程的加快、居民消费水平的提高，烘焙食品类消费还将继续保持较好的发展局面。

茶烘焙食品是指利用超微茶粉（抹茶）或茶叶提取物等辅料，与面粉、油脂、糖等其他食品原料混合，采用焙烤加工工艺定型和熟制而成的一类烘焙食品。烘焙类茶食品品种多样，主要可以分为茶面包、茶蛋糕、茶饼干和茶糕点等。

茶叶与烘焙食品结合研发烘焙型茶食品，是茶叶深加工终端产品开发体系的重要内容，不仅为人们提供了健康美味的食品，顺应了人们对低热量、高营养、保健化、方便化、多元化的饮食要求，而且充分利用茶叶资源，拓展茶叶应用领域、延伸茶叶产业链。近年来，烘焙类茶食品的相关研究不断增多，国内外已经开展许多烘焙类茶食品的相关研究，涉及的烘焙食品多种多样。添加茶叶不仅可以改善面团的加工特性，在产品品质方面还可以赋予烘焙食品天然的色泽与茶叶特有的风味、增加营养价值、提高抗氧化性、延长保质期等。

1. 茶叶添加形式

烘焙类茶食品的研发和创制过程中，首先要对产品配方及制作工艺进行筛选与优化，使茶叶原料与其他原料协调融合，产品感官风味品质表现良好。烘焙食品的种类不同，糖、油、面粉、茶成分的添加比例差别很大；同时，茶叶原料添加的形式也多种多样，主要有超微茶粉（抹茶）、茶叶提取物等；涉及的茶类主要是绿茶，也有红茶、普洱茶、乌龙茶。

（1）超微茶粉

超微茶粉是烘焙类茶食品研发的主要茶叶添加形式。超微茶粉是指将茶叶（主要是蒸青绿茶）经粉碎加工制成的 200~1000 目以上的茶叶超微细粉。以超微茶粉为原料研发的烘焙类茶食品不仅可以赋予烘焙食品天然的绿色和茶叶的风味，还可以更全面利用茶叶的营养物质。通常超微茶粉的最优添加量在 1%~6%，过多添加将使制成品苦涩、味较重，影响口感。

经研究者试验得出，抹茶蛋糕中抹茶粉添加量最优配方为面粉质量的2%，烘烤温度为面火160℃、底火180℃，时间25分钟，制作成的抹茶蛋糕具有鲜亮的绿色和独特的抹茶风味。

另一项研究发现，硬式红茶面包最佳发酵条件为：温度28℃、相对湿度75%时发酵100分钟，然后在温度38℃、相对湿度85%的条件下，继续醒发40分钟，其中添加的酵母含量为面粉质量的2%、超微红茶粉添加量为面粉的1%。绿茶蛋糕的制作配方中，超微绿茶粉最佳添加量为面粉的2%。最佳工艺为：面包坯与蛋糕浆质量比32∶13，底火温度180℃、面火温度190℃，烘烤14分钟。

（2）茶叶提取物

烘焙类茶食品研发过程中的茶叶添加形式还可以是茶叶提取物，主要包括速溶茶粉、茶汁、茶多酚等。其是以茶叶或茶鲜叶为主要原料，经水提取或采用茶鲜叶榨汁加工制成的固体产品或液态产品。添加茶叶提取物的烘焙类茶食品同样也具有茶叶风味，但在产品外观上表现不突出。

研究表明，以绿茶、乌龙茶和普洱茶3种茶叶的沸水浸提液研制的茶面包风味各具特色，添加茶水比（质量∶体积）为1∶10的茶叶浸提液生产出的茶面包品质最佳；添加0.8%的绿茶提取物制作的黑麦茶面包感官品质最好。

（3）复合茶系列

茶叶和其他营养辅料同时添加制成的复合型烘焙类茶食品具有多种风味和营养，不仅增加产品营养功能性，还可以调和茶叶产生的苦涩感。

2. 茶叶对面团加工特性的影响

茶叶中富含茶多酚、茶多糖、茶蛋白等功能活性成分，具有抗氧化、抑菌等作用，势必会对面团的加工特性产生影响。将茶叶应用到烘焙食品中，需要掌握茶叶与面粉等原料混合后形成的含茶面团的加工特性，其直接影响最终产品的品质，因此研究添加茶叶对面团加工特性的影响，至关重要。添加绿茶粉不仅可以促进面筋的形成并增加其稳定性，尤其对低筋小麦粉品质改善效果最明显，对面团的机械耐受能力略有提高，但并不能提高醒发后面团延伸性。在烘焙加工特性方面，随着添加量（0~2.5%）的增加，主要糊化特征参数呈下降趋势，而玻璃态相变温度变化没有规律。可见，添加茶叶在一定程度上可以改善面粉的加工特性。有学者还具体针对单一茶叶提取物对烘焙食品加工特性的影响进行研究。添加茶叶蛋白质（1%~5%）对面粉的面筋含量影响不大，但是1%的添加量对面团粉质特性有改善作用，3%的添加量是面团拉伸特性改善和弱化的拐点。添加4%的茶多糖的小麦粉表现黏度最大，蛋糕粉的黏度增长率远远大于面包粉。添加茶多糖可导致体系糊化时吸热焓、峰值温度提高，实际生产中需要提高其糊化的温度。添加茶多糖还具有抗老化的作用，面包粉和面包淀粉中分别添加1%~2%、2%~3%的茶多糖，具有明显抑制样品老化热焓、老化速率和结晶速率的作用，能够达到降低其老化速度和提高冷藏温度的效果。

3. 茶叶对烘焙食品品质的影响

茶叶的添加最终会对烘焙食品品质产生影响，主要是引起感官品质、营养价值、茶叶功能成分、储藏等方面的变化。

（1）感官品质与营养价值

添加茶叶研发的烘焙类茶食品，不仅可以形成新的产品外观和风味特征，增加产品咀嚼性、涩味等，降低甜度、亮度等，还可以提高产品的营养价值和保健功能。添加绿茶粉的焙烤茶薯片产品外观呈绿茶色泽，口感松脆，具有鲜明的马铃薯产品风味和绿茶风味。6% 绿茶粉的蛋糕与普通蛋糕相比，粗纤维和茶多酚含量分别增加了 1.9 克 /100 克和 349.8 毫克 /100 克。研究表明，添加绿茶提取物（含 60% 儿茶素）影响面包感官品质和物理特性，增加绿茶提取物添加量可增加面包的硬度、黏性和涩味，降低面包的亮度和甜味；面包涩味、甜味的绿茶提取物添加量阈值水平是 5.0 克 / 千克（相对面粉质量），而面包亮度、硬度和黏性的绿茶提取物添加量阈值水平是 1.5 克 / 千克。全麦茶面包的硬度、泡孔直径、咀嚼性与绿茶粉添加量呈正相关，而比容和明亮度与其呈负相关。茶多酚作为添加剂，具有降低面包中丙烯酰胺含量的作用，与硫酸钙、柠檬酸复合添加后对降低面包中丙烯酰胺含量的效果更好。在烘焙类茶食品功能性方面，茶面包中儿茶素保留量与快速消化淀粉含量呈显著负相关，使面包食用后血糖升高幅度显著降低。添加茶叶还会提高麦麸饼干中钙、铁、锌、硒等微量元素的吸收。

（2）储藏变化

茶叶的添加还会对烘焙食品的储藏产生影响，主要体现在抗氧化性、抑菌效果等方面。与普通烘焙食品相比，茶叶的添加可以明显提高其抗氧化性，减缓油脂氧化进度，抑菌效果明显，有效延长保质期。添加面粉质量 1% 的绿茶粉可以使全麦面包的抗氧化活性提高 18.5%，8 天室温的储藏实验中，面包中的过氧化物显著减少。绿茶提取物还可以减缓海绵蛋糕中油脂氧化进度。加入 6% 绿茶粉的蛋糕与普通蛋糕相比，储藏 30 天后，过氧化值增加量低于普通蛋糕过氧化值增加量，对防止蛋糕氧化变质效果较好。同时，添加超微茶粉能够抑制蛋糕中微生物的生长，明显延长蛋糕的保质期，但茶粉添加量达到 4% 以后，抑菌率无明显的增幅。

（3）茶叶功能成分变化

茶叶与烘焙食品结合制作烘焙类茶食品，面团中小麦蛋白质、淀粉、水、脂肪等复合基质，以及制作过程中高温焙烤等工艺因素，均会对儿茶素等茶叶成分的稳定性产生影响，进而影响产品中的保留率及功能性。高温烘焙可能是儿茶素降解的主要原因，儿茶素稳定性随绿茶提取物添加量增加而提高，其中稳定性最好的3种为：表没食子儿茶素（EGC）＞表没食子儿茶素没食子酸酯（EGCG）＞表儿茶素没食子酸酯（ECG），平均保留率分别为93%、82%、65%。儿茶素在饼干体系中的相对稳定性表现为：儿茶素没食子酸酯（CG）＞没食子儿茶素没食子酸酯（GCG）＞ECG＞EGCG，可以通过降低面团中pH值提高儿茶素保留率。茶多酚开始热分解反应的温度是200℃左右，这也是很多烘焙食品的烘烤温度，因此，高温应该是影响烘焙类茶食品中儿茶素稳定性的主要原因，同时受到体系中pH、食物基质的共同影响。然而众多研究中涉及的产品种类不同，有茶面包、茶饼干等，食物基质配料比例、烘烤温度等工艺参数也不同，因此，有关儿茶素稳定性的机理和功能性还需要进一步综合研究。综上所述，不同烘焙类茶食品中茶多酚、儿茶素、咖啡碱等茶叶功能成分的保留率差别较大，可能也是由产品种类、工艺参数和食物基质的不同所致。

4. 茶烘焙食品实例

（1）茶水提取物面包

茶提取物可以很好地改善面包的物理性状和品质风味，产生独特风味品质的茶面包。茶提取物赋予了面包纯天然的色素、茶所特有的幽香和滋味，而且改善了普通面包的风味和营养价值，增加了面包的品种花色（图2）。

配料：茶提取物（茶叶质量：水体积为1∶10；100℃沸水浸提3分钟）、面粉100克、白砂糖20克、食盐0.8克、酵母2克、起酥油8克、奶粉5克。

图 2　茶水提取物面包

加工方法：混料→发酵→烘焙

混料：面粉与配方中的其他辅料混合，加入晾凉后的茶提取物混合 60~75 毫升，充分混合。

发酵：28~35℃发酵 30~60 分钟，搓圆整形，醒发。

烘焙：160~220℃，烘烤 20~35 分钟。

（2）抹茶蛋糕

配料：抹茶粉 2 克、低筋面粉 75 克、鸡蛋 150 克、白砂糖 40 克、植物油 40 毫升、牛奶 50 毫升、泡打粉 1 克（可选）。

加工方法：蛋清打发→蛋黄糊调制→混料→入模→烘烤→冷却→成品

蛋清打发：取 150 克鸡蛋，用鸡蛋分离器将蛋清和蛋黄分开，在蛋清中加入 10 克白砂糖后进行搅打，搅打速度设置为低档。当有大量白色大泡沫产生时再加入 10 克白砂糖，调中速挡位搅打。当泡沫变细腻后再加入 10 克白砂糖，调高档位继续搅打至蛋白呈倒三角弯钩状即可。

蛋黄糊调制：将蛋黄打散，依次加入植物油 40 毫升、牛奶

50 毫升、白砂糖 10 克、泡打粉 1 克（可选），混合搅拌均匀，然后分三次加入过筛后的低筋粉 75 克及抹茶粉 2 克，搅拌均匀即得蛋黄糊。

混料：取 1/3 打发好的蛋白加入蛋黄糊，用橡皮刮刀按顺时针方向从底部向上翻转搅拌，后将剩余的蛋白全部加入蛋黄糊，搅拌均匀。

入模：将蛋糕糊倒入铺好烘烤纸的蛋糕模具，装入量为模具的 2/3，不宜过满，提起模具振荡几下，将气泡振出，后放入预热好的烤箱 160~220℃烘烤 15~30 分钟。

（3）茶饼干

茶饼干是以小麦粉、茶叶为主要原料，添加或不添加糖、油脂及其他辅料，经调粉、成型、烘烤制成的水分含量低于 6% 的松脆性食品。目前我国市场上的含茶饼干主要有红绿茶饼干、红绿茶奶油饼干、红绿茶夹心饼干、抹茶味棒状饼干等。与普通的饼干相比，含茶饼干甜而不腻、松脆爽口、茶香怡人，营养成分也更为丰富。

原辅材料及处理：加工茶饼干的原辅材料主要有小麦面粉、茶、糖类、油脂、乳品、蛋品及一些食品添加剂。小麦面粉是茶饼干生产的主要原料，一般以蛋白质含量 9.0% 左右的面粉为宜。面粉使用前最好过筛，一方面清除杂质并形成细小的面粉颗粒；另一方面使面粉中混入一定量的空气，有利于饼干均匀气孔的形成。茶饼干中茶的配料常用绿茶或红茶，也可用乌龙茶或普洱茶等其他茶，更多以茶汁或茶粉的形式。糖类是茶饼干的重要配料，除提供受欢迎的甜味外，对产品的加工过程和产品质构也有重要影响。茶饼干生产中常用的糖类主要有蔗糖、淀粉糖浆等。蔗糖使用前要先熔化、过滤。乳品和蛋品可以使饼干具有良好的营养和风味。加工中常用的乳品主要有鲜牛奶、全脂奶粉等，常用的蛋品主要有鲜鸡蛋、冰鸡蛋和蛋粉。油脂可使饼干口感酥脆，在口中更易融化。饼干生产中常用油脂有人造奶油、精炼猪油、植物油等。在使用固体、半固体油脂时，要先以文火加热或搅拌软化，以加快面团调制速度，使面团更均匀。茶饼干生产中还常要加入一些食品添加剂，包括化学膨松剂、乳化剂、改良剂等。

工艺流程：原辅料处理、面团调制、成型、烘烤、冷却、包装。

面团调制是茶饼干生产的关键工序，目前多用调粉机来完成，包括将已处理好的各种原辅材料搅拌均匀，调制成既保证产品质量要求，又适合机械运转的面团。调制好的面团需要经过辊压（辊轧），使其形成厚薄均匀、表面光滑、质地细腻、延展性和可塑性适中的面片，再经切割成型制成各种形状的饼干坯。成型后的饼干坯即可入炉烘烤。在高温作用下，饼干内部所含水分蒸发，淀粉受热糊化，膨松剂分散使饼干体积增大，面筋蛋白受热变性凝固，形成多孔酥松饼干成品。刚出炉的饼干质地柔软，容易变形，需冷却后再进行二次加工和包装。

（4）红茶粉巧克力豆曲奇

配料：低筋面粉250克、红茶粉15克、黄油150克、糖粉100克、鸡蛋液30克、烘焙型巧克力豆30克。

加工方法：黄油蛋液打发→混料→成型→烘焙

黄油蛋液打发：黄油室温软化，加入糖粉，搅拌均匀后打发，加入鸡蛋液继续打发，直至黄油呈蓬松的羽毛状。

混料：加入低筋粉和红茶粉。

成型：揉捏成团（不要过度揉捏），分成30克的面团，搓圆后按扁，然后嵌入烘焙型巧克力豆。

烘焙：烤箱中层，180℃，烘烤20分钟。

（5）红茶奶油饼干

原料：面粉50克、油脂15克、白砂糖18克、鸡蛋12克、奶粉3克、红茶汁3克。

加工方法：红茶浸提出红茶汁，加入鸡蛋、白砂糖、油脂和水混合调匀，与面粉和奶粉拌合成团，经延压成片后，切块成型，经180~200℃烘烤15分钟后，冷却，包装。

产品特性：按此工艺加工而成的红茶奶油饼干茶香味突出，色泽鲜艳，酥脆可口，具有红茶和奶油饼干的复合香气和滋味。

（6）茶粉曲奇饼干（图3）

原料：低筋小麦粉200克、超微茶粉4克、起酥油130克、绵白糖35克、鸡蛋50克。

图3　茶粉曲奇饼干

加工方法：起酥油和绵白糖倒入搅拌机中高速搅打2分钟，混合物呈乳白色时调至慢速，将鸡蛋逐个加入并继续搅打。将绿茶粉溶于35℃的温水中，待充分溶解后缓慢加入搅拌机，高速搅匀。面粉过筛后加入搅拌机与上述原料拌匀。调粉完毕后将制好的面糊直接成型于烤盘上。将烤盘置于已预热的烤箱中，面火温度控制为170℃，底火温度控制160℃，时间25分钟，烘烤至产品表面为自然的黄绿色即可出炉。当绿茶粉的添加量为1%左右时，色泽自然，略带绿色，茶香味浓郁。

（7）乌龙草莓慕斯

配料：法式派皮1/2量、淡奶油30毫升、草莓酱200克、淡奶油220毫升、蛋黄2个、蛋白1个、细砂糖15克、鱼胶粉3克、牛奶50毫升、乌龙茶粉10克、细砂糖15克、糖浆30毫升（水和糖各半）、鱼胶粉3克、草莓粉（酱）20克。

加工方法：慕斯底制作→草莓慕斯层制作→乌龙抹茶慕斯层制作→三层叠加→冷藏

慕斯底制作：法式派皮轻微烘烤冷却后压碎，加入淡奶油，拌匀，压在慕斯模底部。

草莓慕斯层制作：鱼胶粉分别加牛奶和水泡开，微波炉解冻档溶解，淡奶油打发至六成发，稠厚但可以流动状态，蛋黄加入细砂糖，打发至颜色发白，加入泡鱼胶粉液，拌匀，加入草莓粉（酱）拌匀，加入打发好的淡奶油拌匀。

乌龙抹茶慕斯层制作：意大利蛋白霜，蛋白分3次加入15克砂糖，打至干性发泡，将15克糖和15毫升水倒入锅中，煮至118℃的糖浆，倒入糖蛋白拌匀，乌龙抹茶粉打入淡奶油打发至7分发，把意大利蛋白霜、乌龙抹茶奶油、融化的吉利丁水一起拌匀。

三层叠加：将以上三层叠加入模。

冷藏：4℃冰箱冷藏2小时即可食用。

（8）高纤维低糖南瓜抹茶戚风蛋糕

配料：抹茶粉2克、低筋面粉75克、鸡蛋150克、白砂糖25克、植物油40毫升、牛奶50毫升、南瓜粉（糊）20克（20

毫升）、泡打粉 1 克（可选）。

加工方法：蛋清打发→蛋黄糊调制→混料→入模→烘烤→冷却→成品

蛋清打发：取 150 克鸡蛋，用鸡蛋分离器将蛋清和蛋黄分开，在蛋清中加入 10 克白砂糖后进行搅打，搅打速度设置为低挡。当有大量白色大泡沫产生时再加入 5 克白砂糖，调中速挡位搅打。当泡沫变细腻后再加入 5 克白砂糖，调高挡位继续搅打至蛋白呈倒三角弯钩状即可。

蛋黄糊调制：将蛋黄打散，依次加入植物油 40 毫升、牛奶 50 毫升、白砂糖 5 克、泡打粉 1 克（可选），混合搅拌均匀，然后分三次加入过筛后的低筋粉 75 克及抹茶粉 2 克，搅拌均匀即得蛋黄糊。

混料：取 1/3 打发好的蛋白加入蛋黄糊，用橡皮刮刀按顺时针方向从底部向上翻转搅拌，后将剩余的蛋白全部加入蛋黄糊，搅拌均匀。

入模：将蛋糕糊倒入铺好烘烤纸的戚风蛋糕模具，装入量为模具的 2/3，不宜过满，提起模具振荡几下，将气泡振出，后放入预热好的烤箱上火 180℃、下火 200℃，烘烤 13~18 分钟。

二、中式茶面点

中式面点是以各种粮食（米、麦、豆、杂粮）、肉类、蛋、乳、蔬菜、果、鱼虾等为原料，并配以多种调料与辅料，将其调制成坯及馅，经成形、熟制而成的具有一定营养价值且色、香、味、形俱佳的方便食品。面点在南方习惯称之"点心"，而在北方则习惯称之"面食"。面点是中国烹饪的主要组成部分，素以历史悠久、制作精致、品类丰富、风味多样著称于世。我们常见的中式面点有以下几种：饼类、饺类、糕类、包类、卷类、团类和条类。随着人们就餐形式的改变、原料种类的增多、机械设备的运用、面点技术的提高，使得我国面点的范畴日益广泛。它既可作为正餐食品供人们享用，又可作为小吃、点心用来调剂口味，不仅作为食品给人们物质上的满足，还可作为艺术品给人们以精神上的享受。

随着人们生活水平的提高，以及对养身健身重视程度的提升，人们对传统中式面点的要求也越来越高。不但要吃饱，而且还要吃出健康、吃出美味。在这种情况下，一些具备保健功能的绿色食材，也被广泛地应用到中式面点的制作中。茶叶中富含多种对人体有益的氨基酸，自古以来，我国人民就有将茶入餐的生活习惯，创造出各种含茶的传统食品。中式茶面点品种丰富，形式多样，完美地将中国文化和中国餐饮融合在一起。时至今日，将茶引入到中式面点的新品创作中，更加符合当代人的养生追求。在某种意义上，将我国中式面点的创新与茶元素进行融合，即体现了人们健康养生理念的提升，又体现了对高雅生活的一种追求。在另外一个侧面，还反映出传统茶文化的无限魅力所在，因此在未来很长的时间内，中式面点新品与茶元素的融合，将会有着很广阔的市场空间。

1. 中式面点新品与茶元素融合方法

（1）直接利用、精工细作

尽管茶叶富含人体健康所需的众多营养成分，但茶叶作为食品来食用的话，其味苦、生涩的口感还是很难得到广泛认可。因此若想在中式面点的新品制作中直接融入茶，还需要将茶进行现代化的加工，在不破坏其营养成分的同时，消除其味苦、生涩的特性，与其他食材巧妙结合，以方便让更多的人能够接受并认可。

例如，最近几年出现的"茶月饼"，就是让人们在品尝到传统月饼的滋味的同时，也可以感受到茶的悠悠香气。

（2）提取精华

添加使用若想避开茶叶尤其是夏秋茶苦涩、难以下咽的尴尬局面，可以采用现代化加工方式，萃取茶叶精华和营养成分，作为食品添加物融入中式面点的新品制作中。既迎合了当代人对健康、养生的需求，又最大限度地保留了茶叶的营养成分；此外，还可以最大限度地保留茶所带给人们的嗅觉享受。例如，将茶油广泛地用在各类中式面点的制作中，或是调馅、或是制面皮、或是制作各类花卷、饼类等，同样受到消费者的广泛欢迎。

2. 中式茶面点实例

（1）茶月饼

原料：低筋面粉、花生油、猪油、糖浆、火腿、鸡蛋、红茶粉、绿茶粉。

饼皮的用量为：低筋面粉 100 克、花生油 20 毫升、猪油 15 毫升、含糖 78%~80% 的糖浆 50 克、花生油 20 毫升、猪油 15 毫升、茶粉 2.5 克。

饼馅原料用量为：火腿 40 克、白砂糖 4 克、熟面粉 15 克、茶粉 0.4 克。

制作：将饼皮与饼馅的原料分别提前混合揉匀，以饼皮包裹馅料，210℃烤箱中烤制 14 分钟，取出在表面涂一层蛋黄液，再烤制 6 分钟，冷却，包装。

特点：茶月饼香味浓郁，尤其是饼馅中有茶和火腿香。加入茶粉后月饼的油腻感减弱，脂肪含量低，茶味增强。

（2）茶糕

原料：糯米粉 200 克、米粉 100 克、水 260 克、抹茶粉 10 克、细砂糖 75 克、核桃粒 50 克。

制作：糯米粉、米粉、水、细砂糖和抹茶粉 6 克，混匀，隔水小火加热，搅拌至呈黏稠状后再加入核桃粒稍做搅拌即可。用刮刀将材料刮进已铺好玻璃纸的竹制蒸笼中，隔水以大火蒸约 90 分钟，筷子轻松插入提起后不沾粉即可起锅。食用前可先切成小块状，再撒上少许抹茶粉即可。

（3）龙井萝卜千层酥

原料：龙井茶汤 525 克、面粉 1950 克、猪板油 600 克、牛油 375 克、薯粉 300 克、泡打粉 3.75 克、萝卜 500 克、瑶柱 15 克、精盐 5 克、味精 5 克、白糖 10 克、胡椒粉 3 克、生粉 10 克。

制作：酥皮→水皮→萝卜酥皮→萝卜馅→油炸

酥皮的制作：先将面粉 750 克、猪板油 375 克、牛油 375 克、薯粉、泡打粉拌匀成酥皮，用方盘装上放雪柜。

水皮的制作：用面粉 1200 克、猪板油 225 克、龙井茶汤 525 克拌匀并搓至纯滑成水皮。

萝卜酥皮的制作：取出冰柜内已冻硬的酥心，将水皮压上酥心面，再次放入冰柜；待冻硬后用酥棍压薄，叠三次变成四叠，即成萝卜酥皮。

萝卜馅的制法：将萝卜去皮切丝，洗净，将干瑶柱用水炖至软烂并将其用手撕开，用中火将萝卜丝与瑶柱丝一起煮调味勾芡即成萝卜馅。

油炸：切件用酥棍压薄，萝卜馅上刷一层蛋黄液，用中火炸至金黄色。

特点：金黄色，层次清晰，脆而不碎，具有龙井茶的清新，油而不腻，香酥适口。

（4）庐山云雾茶春卷

原料：春卷皮15块、庐山云雾茶3克、胡萝卜半个、香菇8朵、木耳20克、猪肉（瘦）100克、姜3片、食用油250克、盐5克、酱油5克、白糖2克、玉米淀粉3克、胡椒粉0.5克、清水适量。

制法：原料预处理→馅料制作→包春卷→油炸

原料预处理：准备所需材料（香菇、木耳提前泡软），胡萝卜去皮洗净切成丝，香菇、木耳、瘦肉切丝，猪肉丝加入盐、酱油、食用油、白糖、玉米淀粉，然后拌匀腌制10分钟。

馅料制作：锅内加入植物油烧热，放入姜末炒出香味，再加入腌制好的瘦肉丝，煸炒片刻后，加入香菇和木耳丝，翻炒2分钟后，加入胡萝卜丝、庐山云雾茶翻炒，加入适量的盐、糖、酱油、胡椒粉，然后翻炒均匀，盛出放凉。

包春卷并油炸：取春卷皮一片放上少许凉透的春卷丝，卷起，在封口处抹上面粉糊包好；锅内加入油烧至七成热放入春卷炸至金黄色即可。

特点：庐山云雾茶春卷配料丰富、营养均衡、外酥里滑，还有庐山云雾茶的清香，可消除春卷油腻感。

三、茶冷冻饮品

冷冻饮品是指以饮用水、糖、乳制品、水果制品、豆制品、食用油等中的一种或多种为主要原料，添加或不添加食品添加剂，经配料、灭菌、凝冻、包装而制成的冷冻固态饮品，包括冰激凌、雪糕、冰棍和食用冰等；茶冷冻饮品是指添加了茶汁、茶粉等原料加工而成的冷冻饮品，常见的茶冷冻饮品有茶冰激凌、茶雪糕、茶冰棒等。

1. 茶冷冻饮品的营养成分

一方面，茶冷冻饮品因茶叶所含的茶多酚、果胶、氨基酸等成分能与口腔中的唾液发生化学反应，滋润口腔而产生清凉感觉；茶叶所含的咖啡碱可通过控制中枢神经而调节体温，且具有利尿作用，能使体内热量从尿液排出，达到解热、提神的作用。另一方面，由于冷冻饮品特殊的低温储藏条件大大减缓了茶内含成分氧化变质的速度，从而保持了稳定的色泽、口味。同时，茶色素是一种很好的天然色素来源，可替代一般的化学色素，增加茶冷饮的色泽。与普通冷冻饮品相比，茶冷冻饮品不仅有茶的独特风味以及清新自然的色泽，还含有茶叶丰富的营养和功效成分，使茶冷冻饮品具有普通冷冻饮品不可比拟的营养和保健功能。再者，冷冻饮品虽然香味浓郁、冰凉爽口，但在其制备过程中添加大量的糖、奶、油脂等，虽然营养丰富，但过多食用会对人体健康造成负担。而茶冷冻饮品具有很强的解油腻、调节脂肪代谢、消食、助消化等功能。

因此可见，将茶加入冷冻饮品，不仅可使冷冻饮品香甜可口，增加其独特风味；同时赋予自然的色泽，丰富了冷冻饮品的花色品种；还可增加冷冻饮品营养成分（尤其是维生素类、矿质类成分）；还可以预防疾病，充分发挥茶叶成分的降温、解渴、解腻、消食等药理作用。因此，茶冷冻饮品的应用提高了茶叶的经济效益，并深受消费者的喜爱。

2. 茶冷冻饮品的主要原辅材料

加工茶冷冻饮品所需的原辅材料主要有茶汁或茶粉、乳与乳制品、甜味剂、蛋与蛋制品、稳定剂、乳化剂等。

（1）茶成分

茶成分为茶冷冻饮品的特色原料，一般以茶粉或茶汁的形式添加。茶粉或茶汁的来源，可以绿茶、红茶、青茶等加工而来，其中以绿茶粉使用为多，即抹茶。茶冷冻饮品中加入茶成分有很多益处，但需要注意的是，若茶成分添加过量，也会使成品具有较强的苦涩滋味，因此，需要掌握合适的茶成分添加配比，一般不超过 5%。

（2）乳与乳制品

乳与乳制品主要是引进乳脂肪与非脂乳固体，赋予冷冻饮品良好的营养价值，增进滋味，使成品具有柔润细腻的口感。常用种类有全脂奶粉、浓缩乳（炼乳）、奶油、鲜牛奶等。冰激凌中非脂乳固体以鲜牛奶、炼乳为最佳，油脂最好是新鲜的稀奶油。

（3）脂肪

冰激凌中若脂肪含量少，则成品口感不细腻；但用量过多，既增加成本，又降低起泡能力，且过高的热量使消费者难以接受。一般冰激凌中乳脂肪用量为 8%~16%。

（4）甜味剂

冷冻饮品常用的甜味剂有蔗糖、淀粉糖浆、葡萄糖、糖精等。冰激凌生产中最好以蔗糖为甜味剂。蔗糖除赋予冰激凌甜味外，还能使成品的组织细腻，同时降低凝冻时的温度。一般蔗糖的使用量为 12%~16%，若低于 12%，则冰激凌成品甜味不够；若过多，一方面在夏季会使成品出现缺乏清凉爽口的感觉；另一方面会使冰激凌混合料的冰点降低太多，容易融化。

（5）蛋与蛋制品

蛋与蛋制品能提高冷冻饮品的营养价值，改善其组织结构与风味。鸡蛋中丰富的卵磷脂具有乳化剂和稳定剂的性能，能改善冰激凌的组织形态。冰激凌中含适当的蛋成分，能使成品具有细腻的"质"和优良的"体"。常用的蛋与蛋制品有鲜鸡蛋、全蛋粉和冰全蛋。一般鸡蛋粉用量为 0.5%~2.5%，若用量过量，易出现蛋腥味。

（6）稳定剂

稳定剂具有强吸水性。为了保证冷冻制品的形体组织，必须在混合原料中添加适量的稳定剂，以改善组织形态，提高凝冻能力。冷冻饮品中使用稳定剂，可提高混合的黏度和冰激凌的膨胀率，防止冰晶的形成，减少粗糙感，使冰激凌组织细腻、滑润、不易融化。常用的稳定剂有明胶、果胶、瓜尔豆胶、卡拉胶、黄原胶、海藻酸钠等。无论哪一种稳定剂都有各自的优缺点，因此常将两种以上稳定剂复配使用，效果往往比单独使用要好。稳定剂用量取决于配料的成分或种类，尤其是总固形物含量。总固形物含量越高，稳定剂用量越少。稳定剂用量一般为 0.1%~0.5%。

（7）乳化剂

冰激凌脂肪含量高，特别是加入了硬化油、人造奶油、奶油等脂肪时，加入乳化剂可以改善脂肪亲水能力，提高均质效率，从而改善冰激凌的组织形态。常用乳化剂有单甘酯、卵磷脂和蔗糖脂肪酸酯等，用量一般为 0.1%~0.3%。

（8）着色剂

茶成分能赋予茶冷冻饮品天然的色泽，因此，茶冷冻饮品一般可以不加着色剂。当茶冷冻饮品色泽不鲜艳时，也可考虑添加少量着色剂。添加的着色剂有人工合成及天然提取着色剂两种，其中天然提取着色剂成本高于人工合成着色剂。颜色有胭脂红、苋菜红、诱惑红、赤藓红、焦糖色、柠檬黄、日落黄、喹啉黄、姜黄、亮蓝、专利蓝等。

（9）香味剂

香味剂能赋予冷冻饮品醇和的香味，增进其食用价值。茶冷冻饮品一般具有茶叶天然的茶香，可不添加香味剂。为了提高茶冷冻饮品清雅醇和的香味，也可适量添加适合的香味剂。茶冷冻饮品中添加香味剂时，不仅要考虑香味剂本身的香型与茶香是否匹配，还要考虑香味剂的用量及调配。香味剂用量过多，会使产品失去清雅醇和的天然茶香，用量过少，则达不到呈味效果。常用的香味剂有香兰素、可可粉、果仁和各种水果香料等，香味剂用量范围一般在 0.075%~0.100%。

3. 茶冷冻饮品的制作实例

（1）抹茶冰激凌

以茶叶的制备液或茶粉、饮用水、奶与奶制品、蛋与蛋制品、甜味剂、食用油脂等为主要原料，添加或不添加稳定剂、乳化剂、着色剂等食品添加剂，经混合、灭菌、均质、老化、凝冻等工艺制成的体积膨胀的冷冻饮品。茶冰激凌是一种营养丰富且易于消化的食品，不仅是人们夏季的嗜好饮品，冬季也有很多人喜食。抹茶冰激凌是都市白领的新宠和最爱。据日本冰激凌协会2015 年"消费者最喜欢的冰激凌口味"年度调查结果显示，抹茶口味位居第三，喜好率将近 50%。冰淇淋中添加 0.6% 的抹茶，不仅视觉效果最佳，而且冰激凌散发出淡淡的茶香味，突出了产品的特点，易被人们接受。以下介绍一款茶冰激凌家庭自制方法。

配料：蛋黄 75 克、细砂糖 135 克、玉米粉 15 克、抹茶粉 20克、热水 40 克、牛奶 275 克、鲜奶油 275 克、蜜红豆 165 克。

加工方法：蛋奶茶液制作→鲜奶油搅打→搅拌混合

蛋奶茶液制作：事先将抹茶粉与热水拌匀后，再将蛋黄用打蛋器拌匀，此时即可加入抹茶液一起拌匀。将牛奶加热至沸腾前熄火，并徐徐倒入蛋茶液中拌匀，待其冷却备用。

鲜奶油搅打：鲜奶油打至六分发后，与冷却的蛋奶茶液拌匀，再加入沥干的蜜红豆，拌匀，倒入四方浅盘模型中冷冻。

搅拌混合：待冷冻 2 小时后，即可取出用汤匙搅拌，使与空气结合，此步骤重复 3~4 次后，冰激凌即完成。

（2）茶雪糕

茶雪糕是以茶叶的制备液或茶粉、饮用水、乳与乳制品或豆制品、甜味剂、食用油等为主要原料，添加适量增稠剂、香料、着色剂等食品添加剂，经混合、灭菌、均质、注模、冻结（或轻度凝冻）等工艺制成的带棒或不带棒的冷冻饮品。其加工工艺与茶冰激凌基本相似，但一般茶雪糕的总固形物含量、脂肪含量较茶冰激凌低。以下介绍一款红茶雪糕自制方法。

原料：炼乳 12 克、白砂糖 15 克、食用明胶 1 克、精致淀粉 1.5 克、纯净水 100 克、红茶汁 5 毫升。

加工方法：将所有原料混匀后，注入模具，冷冻 12 小时，茶雪糕制作完成。

（3）茶冰棒

茶冰棒是以茶叶的制备液或茶粉、饮用水、甜味剂等为主要原料，添加适量增稠剂、酸味剂、着色剂、香料等食品添加剂，经混合、灭菌、冷却、注模、插扦、冷冻（或轻度凝冻）、脱模等工艺制成的带扦的冷冻饮品。以下介绍一款柠檬绿茶 / 红茶冰棒自制方法。

原料：白砂糖 65 克、淀粉 18 克、糖精 8 克、食用香精 5 克、奶粉 3 克、绿茶 / 红茶提取液 1 毫升、柠檬汁 0.2 毫升。

加工方法：将所有原料混匀后，注入冰棒模具，插扦，冷冻 12 小时，柠檬茶冰棒制作完成。

四、茶糖果

糖果是以多种糖类（碳水化合物）为基本组成的，添加不同营养素，具有不同物态、质构和风味，精美、耐储藏的有甜味固体食品。茶糖果是将茶成分与糖果有机融合在一起的一类糖果食品，不仅营养丰富、耐储藏，且增加了糖果的风味，丰富了花色品种。理论上说，茶成分可以加入各类糖果中，如硬糖、乳脂糖、牛轧糖、软糖、巧克力、夹心糖等。茶糖果的加工除添加茶成分外，其原料和生产工艺与糖果的生产工艺基本一致。茶糖果加工中，茶成分多以茶汁和超微茶粉的形式添加。目前市售常见的茶糖果主要有茶巧克力、茶牛轧糖、茶硬糖、茶软糖、茶奶糖、茶口香糖、茶果冻等。茶糖果中含有茶多酚、咖啡碱、氨基酸等有益健康的功能成分，有利于提高人体免疫力。同时为茶叶提供了一条深加工渠道，为夏秋茶等中低档次茶叶增加了附加值，具有显著的经济效益和积极的社会效益。

1. 茶巧克力

巧克力的加工工艺十分复杂，为了简化加工工艺，茶巧克力的加工大都直接选用加工好的可可脂、可可粉或巧克力粉。

（1）抹茶巧克力

抹茶巧克力即一种添加抹茶的巧克力。抹茶巧克力分为生抹茶巧克力及熟抹茶巧克力两种。生抹茶巧克力的做法是，按巧克力加工工艺加工巧克力，将刚做好的还没有干硬的巧克力放在盛有抹茶粉的容器里翻滚，让巧克力表面沾上一层抹茶粉。这种生抹茶巧克力，里面可以是巧克力原有的各种不同颜色，但外表是绿色的。而熟抹茶巧克力的做法是在做巧克力的过程中，把抹茶溶解入巧克力原料中，这样做出来的巧克力整体有绿色成分。

茶食

（2）红茶白巧克力

此款红茶白巧克力的制作属于熟巧克力的加工方法，需要在白巧克力中添加按总重计 4% 的、粒径为 85~200 目的红茶粉。若红茶粉粒径过大，则会影响成品红茶白巧克力的口感细腻度。按此工艺生产的红茶白巧克力产品感官评审呈浅棕红色，表面光亮，口感丝滑，口溶性较好，甜腻度下降，品质优，且红茶粉对白巧克力起霜有一定的抑制作用，既提升了白巧克力的口感，又提高了其储藏品质。

原料：白巧克力 96 克、超微红茶粉（85~200 目）4 克。

加工方法：白巧克力融化→混合红茶粉→注模→脱模

白巧克力融化：将白巧克力在 40~50℃范围内融化，即巧克力的熔化温度。

混合红茶粉：加入红茶粉后，搅拌均匀，转速为 12~18 转 / 分钟。

注模：将该红茶巧克力浆一边搅拌一边冷却到 25~26℃，使巧克力再结晶，再升温到 28~29℃（调温温度），注入模具。

脱模：常温放置 5 分钟后，放入 0~4℃环境冷藏 10 小时，待红茶巧克力凝固后脱模。

（3）大红袍玫瑰杏仁巧克力

此款大红袍玫瑰杏仁巧克力属于熟巧克力的加工方法。按此工艺生产的大红袍玫瑰杏仁巧克力产品配料多样，营养丰富，口溶性较好，甜腻度下降，既有巧克力的风味，又有大红袍和玫瑰的芬芳，还有坚果的香脆，口感丰富有层次且提升了巧克力的口感，又提高了其综合品质。

原料：巧克力 75 克、超微大红袍茶粉（85~200 目）4 克、超微玫瑰花粉（85~200 目）1 克、扁桃仁 20 克。

加工方法：巧克力融化→混合配料→注模→脱模

白巧克力融化：将巧克力在 40~50℃ 范围内融化，即巧克力的熔化温度。

混合配料：加入大红袍茶粉和玫瑰花粉后，搅拌均匀，转速为 12~18 转 / 分钟。

注模：将该红茶巧克力浆一边搅拌一边冷却到 25~26℃，使巧克力再结晶，再升温到 28~29℃（调温温度），注入小格模具每格 1/3 处，每格中放入一颗杏仁（扁桃仁），再趁热注入小格模具其余空间。

脱模：常温放置 5 分钟后，放入 0~4℃ 环境冷藏 10 小时，待巧克力凝固后脱模。

2. 茶牛轧糖

牛轧糖又称蛋白糖，是用蛋白、糖浆、果仁等原料经充气加工制成的半软性糖果，剖面可见较多的细孔，结构疏松，组织细致。传统的牛轧糖主要在西班牙生产，"牛轧"是其英文译音，其实与牛无关，也有译作鸟结糖、纽结糖。另有一种高度充气型蛋白糖，糖体外观丰满，组织更为轻柔，音译作马希马洛糖或麦喜麦路糖，意译为棉花糖。牛轧糖的特殊原料是卵蛋白，它是一种亲水性胶体，当快速搅拌时能混入大量空气，形成含有很多气泡又很稳定的泡沫吸附层，当冲入熬至相当浓度的糖液时，在连续搅拌的条件下，糖与其他配料能均匀地分布在蛋白泡沫中，使原来稀薄而柔软的泡沫组织变得浓厚，并逐渐坚实，为了提高糖体的应力和结构完整性，常加入坚果或果仁等作填充料，制成如杏仁牛轧糖、花生牛轧糖等。为了增加牛轧糖的滑润感和易于成型切块，在制成蛋白糖坯后，还要加入少量油脂。牛轧糖一般是洁白色的，也可加着色剂，如制成淡棕色的巧克力牛轧糖等。为了增加其香气，也常加入各种香料，如制成香草牛轧糖等。

茶牛轧加工即在牛轧糖的配料中添加茶成分，其他原料和生产工艺与牛轧糖的生产工艺基本一致。牛轧糖加工中，茶成分以超微茶粉的形式添加较多。通常选择绿茶超微茶粉，制成的抹茶牛轧糖色泽翠绿，口感丰富；也可以选择添加红茶、乌龙茶、白茶等超微茶粉，既丰富了茶牛轧糖的口味及产品外观，还可以降低添加绿茶粉带来的微苦滋味。同样需要注意的是，无论添加哪种茶粉，都应控制茶粉的添加量，若添加量过多，则会掩盖牛轧糖原有的香甜滋味，制成的牛轧糖成品苦涩味明显。因此要控制茶粉的添加量，一般不高于总物料的3%。以下介绍一款抹茶花生牛轧糖制作方法。

原料：花生（去皮）150克、黄油35克、白色棉花糖150克、全脂甜奶粉80克、抹茶粉6克。

加工方法：花生碎加工→黏性原料热熔→粉质原料混合→装盘切块

花生碎加工：熟花生去皮压碎成小块。

黏性原料热熔：黄油放进不粘锅小火融化后，棉花糖倒进锅里烧至融化，然后关火。

粉质原料混合：奶粉和抹茶粉过筛后，加进锅里，翻拌均匀，倒入花生碎，拌匀。

装盘切块：放进整形盘整形，放冰箱冷藏室，冷却至硬取出切块、包装。

3. 茶硬糖

硬糖是经高温熬煮而成的糖果。干固物含量很高，约在97%以上。糖体坚硬而脆，故称为硬糖。属于无定型非晶体结构。比重为1.4~1.5，还原糖含量为10%~18%。入口溶化慢，耐咀嚼，糖体有透明、半透明和不透明多种，也有拉制成丝光状的。

硬糖的加工要经过化糖、过滤、熬制、冷却、调和、成型、筛选、包装等步骤。具体操作如下，化糖：加入固形物 30% 的水，倒入称量好的白糖，以蒸汽化糖至白糖全部溶化并煮沸，气压控制在 0.38~0.42MPa，温度控制在 105~10℃；过滤：过滤网为 300目，去除糖浆中的杂质；熬制：真空浓缩熔好的糖稀，气压控制在 0.7~0.8MPa，温度控制在 145℃；冷却：将冷却池中的糖膏冷却到 110~115℃；调和：在第一道冷却的糖膏中加入色素、辅料、香精等，反复翻转折叠均匀，将翻好的糖坯折叠冷却，冷却到 80~90℃可拉条；成型：将冷好的糖膏进行拉条，冷却后切割，要求大小、厚薄一致；筛选：筛出未成型或不符合规格的废糖；包装。

茶硬糖即在硬糖的加工工艺中，在调和的过程中加入茶成分，一般加入茶浓缩汁或速溶茶粉。可以根据需求，添加各种茶种类的浓缩汁，如制成绿茶硬糖、红茶硬糖、乌龙茶硬糖、白茶硬糖等。也可以加入茶多酚、茶氨酸等功能成分，制成具有一定保健功效的茶硬糖，如茶多酚硬糖。茶多酚具有抑制口腔细菌、清新口气的作用，茶多酚硬糖可以部分缓解由于吃糖过多带来的口腔问题；同时茶多酚还有很好的降血糖、抑制肥胖的作用，因此食用茶多酚硬糖有助于控制吃糖后造成的血糖迅速升高的问题。

乌龙茶蜜桃硬糖制作：

原料：白糖 100 克、乌龙茶浓缩汁（速溶茶粉）3 毫升（2克）、水蜜桃浓缩汁 3 毫升。

加工方法：化糖→过滤→熬制→冷却→调和→成型

化糖：加入 30 毫升清水及 100 克白糖，隔水加热融化。

过滤：过滤网为 300 目，去除糖浆中的杂质及未融糖块。

熬制：小火熬制糖浆 5~8 分钟，注意及时搅动，防止锅底糖浆焦煳。

冷却：关火，使糖膏冷却到110~115℃。

调和：在第一道冷却的糖膏中加入乌龙茶浓缩汁及水蜜桃浓缩汁，注意少量多次加入，并即时搅拌，使其充分混匀，反复翻转，折叠均匀，若使用速溶茶粉需提前以3毫升的温水溶解。

成型：将翻好的糖坯折叠冷却，冷却到80~90℃，拉条，再冷却凝固后切割，要求大小、厚薄一致。

4.茶软糖

软糖是一种水分含量高、柔软、有弹性和韧性的糖果。有的黏糯，有的带有脆性，有透明的也有半透明和不透明的。软糖中的水分含量为7%~24%，还原糖含量为20%~40%，外形为长方形、圆形或不规则形。软糖的组成中主要有糖类和胶体。随软糖的种类和性质不同，这两种成分的比例有所差异。软糖含有不同种类的胶体，因此糖体具有凝胶性质，故又称为凝胶糖果。软糖以所用胶体而命名，如淀粉软糖、琼脂软糖、明胶软糖等。各种软糖都有一种胶体作为骨架。这种亲水性胶体吸收大量水分后，就变成了液态溶胶，经冷却后变成了柔软而有弹性和韧性的凝胶。

由于胶体的种类不同，所形成的凝胶性质也不同。淀粉软糖以淀粉或变性淀粉作为胶体，性质黏糯，延伸性好，透明度差，含水量为7%~18%，多制成水果味型或清凉味型的。琼脂软糖是以琼脂作为胶体，这类软糖的透明度好，具有良好的弹性、韧性和脆性。多制成水果味型、清凉味型和奶味型的。水晶软糖属于琼脂软糖，含水量约为18%~24%。明胶软糖是以明胶作为胶体，制品透明并富有弹性和韧性，耐咀嚼，但透明度差，含水量与琼脂软糖近似，也多制成水果味型、奶味型或清凉味型的。在软糖中适于添加营养性成分或疗效性药物而制成营养软糖或疗效性软糖，如儿童维生素软糖。

茶软糖即在软糖的加工工艺中加入茶成分，一般加入茶浓缩汁或速溶茶粉。可以根据需求添加各种茶种类的浓缩汁，如制成绿茶软糖、红茶软糖、乌龙茶软糖、白茶软糖等。也可以加入茶多酚、茶氨酸等功能成分，制成具有一定保健功效的茶软糖，如茶多酚软糖、茶氨酸软糖等，都具有很好的保健功效。

柠檬红茶淀粉软糖制作：

原料：白砂糖73克、红茶浓缩汁（速溶茶粉）3毫升（2克）、水130毫升、淀粉20克、柠檬酸5克、香料0.03克。

制作方法：配料混合→糊化→熬糖→成型

配料混合：将淀粉、柠檬酸、白砂糖及红茶汁（预溶速溶红茶粉）混合，加水制成含糖淀粉乳。在配料时，要掌握好淀粉、白砂糖和水的用量。如淀粉过多，易造成黏度过大、糊化不完全、结块粘锅、搅拌困难、产品透明度差、含水量高；如淀粉过少，产品的透明度虽好，但太软，成型比较困难。柠檬酸的用量以及温度和作用时间直接影响到淀粉变性，如加入过少，淀粉变性的程度低，黏度大，不透明；如加入过多，产品留有酸味，淀粉水解物分子量过低，黏度不够，影响产品的韧性、弹性和柔软性。

糊化：将已混合成的含茶糖淀粉乳用蒸汽加热进行糊化。在糊化过程中不断搅拌，使其糊化均匀，避免结焦结块，以形成均匀透明的含茶糖淀粉糊。因含茶糖淀粉糊的糊化程度对产品质量的影响很大，故必须严把此关。若糊化不良，淀粉变性差，会使加工成的产品不透明，韧性低，质量达不到要求。

熬糖：含茶糖淀粉糊在加热的条件下呈微沸状态，淀粉逐步变性水解为低分子物质，随着水分的蒸发其透明度逐步增加和越来越稠，搅拌略显困难时，就加入配料时留下的另一部分白砂糖，并继续进行熬煮。至锅中淀粉糖膏水分降到 14% 以下时，停止加热，并边搅拌边加入其他配料，直到搅拌均匀，即可起锅。整个熬糖的时间约需 1.0~1.5 小时。

成型：将起锅的淀粉糖膏倒出，摊成 1 厘米厚的糖片，然后切成 1 厘米宽、3 厘米长的长方块。将长方块淀粉软糖包裹糯米纸，外包玻璃纸，即为成品。

5. 茶奶糖

奶糖是一种结构比较疏松的半软性糖果。糖体剖面有微小的气孔，带有韧性和弹性，耐咀嚼，口感柔软细腻。奶糖的平均含水量为 5%~8%，还原糖含量为 14%~25%。奶糖可分为胶质奶糖和砂型奶糖。胶质奶糖包括太妃糖和卡拉密尔糖。胶质奶糖的胶体含量较多，糖体具有较强的韧性和弹性，比较坚硬，外形多为圆柱形，还原糖含量较高，为 18%~25%，因加入原材料不同而有多种品种。砂型奶糖又称费奇糖，糖中仅加少量胶体或不加胶体，还原糖含量较胶质奶糖少，在生产中经强烈搅拌而返砂。糖体结构疏松而脆硬，缺乏弹性和韧性，咀嚼时有粒状感觉，外形多为长方形或方形。

组成奶糖的物质有蔗糖、淀粉糖浆、明胶、乳制品等。蔗糖和淀粉糖浆是组成奶糖的基础物质。蔗糖在熬煮中有一部分转化成转化糖，其对奶糖的结构、风味和保存能力都有重要影响。淀粉糖浆是一种抗结晶物质，其主要成分有糊精、高糖、麦芽糖和葡萄糖。淀粉糖浆既可以防止奶糖返砂，也可以降低奶糖甜度，增加黏稠度，保持奶糖的细腻结构。明胶是奶糖骨架，可以吸水膨胀，在热水中易溶解。它可以使奶糖具有良好的坚韧性、耐嚼性和弹性，以保持糖果的形态稳定。

奶糖中使用的乳制品包括炼乳、奶粉和奶油。乳制品在奶糖中不仅提高了其营养价值，而且起着乳化作用，进一步改变了奶糖物态体系。特别是它对奶糖起着增香和润滑作用。炼乳又分为淡炼乳、甜炼乳、全脂炼乳和脱脂炼乳。在奶糖中最理想的是淡炼乳，它是鲜乳的浓缩制品，具有奶的浓厚芳香。奶粉一般使用全脂奶粉，可以增加香味，其在奶糖中的用量很大。奶油作为一种乳化剂可以使糖果的结构细致均匀，具有脂肪和乳的双重作用，也是奶糖的良好增香剂。在奶糖中所用的油脂，还有植物氢化油，常用的有月桂酸型和非月桂酸型。前者以椰子油和棕榈油为代表，后者是以豆油、棉籽油、花生油和葵花油等制成。

茶奶糖即在奶糖的加工工艺中加入茶成分，一般加入茶浓缩汁或速溶茶粉。可以根据需求，添加各种茶成分，如制成绿茶奶糖、红茶奶糖、乌龙茶奶糖、白茶奶糖等。

草莓味绿茶奶糖制作：

原料：明胶 10 克、麦芽糖 10 克、糖粉 30 克、淡奶油 140 毫升、全脂奶粉 10 克、抹茶粉 10 克、冻干草莓粉 30 克、糯米纸 20 张、油纸 5 张。

加工方法：泡发明胶→熬糖→混料→成型→包装

泡发明胶：明胶，用 25 毫升的 25℃温水浸泡 2 小时。

熬糖：将麦芽糖、糖粉在锅中加少量水熬制，不停搅拌，熬至有大气泡不煳时关火停止。

混料：将泡发明胶、淡奶油、少水预溶的全脂奶粉、抹茶粉和冻干草莓粉加入熬好的糖浆中，低速搅拌一分钟至混合均匀，小火加热熬制 2 分钟，蒸发掉多余水分。

成型：熬好的混合原料倒入铺油纸的模具，密封冷冻至硬，撕去油纸，切小块，放入密封袋冷冻过夜。

包装：将切好的小块奶糖包裹糯米纸，密闭冷藏保存。

6. 茶口香糖

口香糖是以天然树胶或甘油树脂为胶体的基础，加入胶基、糖浆、调味品、软化剂、甜味剂、薄荷等调和、压制而成的一种供人们放入口中嚼咬的糖。口香糖可分为板式口香糖、泡泡糖和糖衣口香糖三种。口香糖胶基是由一些天然或合成的弹性物质、成膜物质、软化剂和填充物质所组成。

嚼口香糖益处很多，咀嚼运动能除去牙齿表面的食物残渣，有一定的清洁口腔的作用；咀嚼口香糖时，唾液分泌增多，可促进消化；促进面部血液循环与肌肉的锻炼，对牙齿颌面的发育有促进作用；经常的咀嚼运动有利于牙周健康，甚至有助于美容；还有利于提高专注度、注意力、警觉性、减压等。若说口香糖有害于口腔健康，其关键在一个"糖"字，因为糖是龋病的重要诱因之一。当前科技的发展已经找到了取代糖的代用品——木糖醇或甜叶菊。这样，既可满足人们享受甜味的乐趣，也可达到少患龋病的目的。

白茶风味口香糖：

原料：速溶白茶粉 5 克、白砂糖 30 克、胶基 30 克、木糖醇 30 克、甘油 0.3 毫升。

加工方法：混料制坯→成型包装

混料制坯：取胶基，放入 60℃恒温水浴锅中软化 0.5 小时。取砂糖、木糖醇、速溶白茶粉，混合均匀，用固体粉碎机粉碎，过 100 目筛，作为配料粉待用。将软化的胶基和一半的配料粉末放入捏合机混合捏合 0.5 小时，加入另一半配料粉末，同时加入甘油，继续捏合至颜色均一，即为毛坯。

成型包装：将毛坯置于室温下冷却至 35℃左右，压制成条带形。继续冷却至室温，修整成一定形状，用蜡纸包装。

按此工艺生产的白茶风味口香糖色泽微黄且均匀一致，具有白茶特有的清甜香味，香气持久，入口微凉，回味带甜，口味纯正，无异味，形态完整，有韧性。

7. 茶果冻

果冻是由增稠剂（海藻酸钠、琼脂、食用明胶、卡拉胶等）加入各种人工合成香精、着色剂、甜味剂、酸味剂配制而成的一种半固体状甜食，外观晶莹，色泽鲜艳，口感软滑，备受人们尤其青少年的喜爱。果冻靠明胶的凝胶作用凝固而成，使用不同的模具，可生产出风格、形态各异的成品。一般情况下，果冻制品要经过果冻液调制、装模、冷藏等加工工序制作而成。果冻液的调制方法较简单，一般先浸泡明胶，然后隔水溶化，再加入所需要的配料，即混合成果冻液。果冻液的调制通常使用果冻粉或明胶。使用果冻粉调制果冻液是最方便、最省时的方法。因为所有的凝固原料——果冻粉都已在工厂配制好并消毒，再经干燥处理包装上市。使用者只需按照产品包装上的使用说明及用量配比表使用即可，使用起来很方便。使用明胶制作果冻是较常用的方法。常用明胶的商品名有白明胶、明胶片、结力粉、结力片、鱼胶粉等。实际使用时要参照不同原料使用说明来使用，如使用明胶片、结力片，需要先把明胶片或结力片用凉水泡软，然后再调制。若使用结力粉，则要求先用少量的凉水浸透后再调制。

茶果冻是将茶成分添加到果冻中制成的具有茶风味的甜点，既可以提高果冻的营养价值，又可以利用茶的天然色素、香味及抗氧化、抑菌功能，使制成的茶果冻成色更真实、香气更自然，且减少防腐剂的使用量。

荔枝红茶果冻制作：

原料：红茶3克、鲜荔枝肉6克、维生素C 0.3克、果胶4克、卡拉胶3.25克、海藻酸钠0.75克、白砂糖115克、柠檬酸3.25克、柠檬酸钾 0.5 克、磷酸氢钙 0.2 克。

加工方法：茶汁制备→溶胶→配料→加果粒→加酸→灭菌储藏

茶汁制备：将选好的红茶进行粉碎，加入 310 毫升水，以 100℃热水浸提 1 小时，经纱布过滤冷却后，加入维生素 C。

溶胶：取 50℃的温水，加入海藻酸钠，并不断搅拌使之溶解，继续搅拌的同时，再缓慢地加入果胶和卡拉胶，使之溶解，最终形成比较均匀的胶液。将胶液过滤，以除去杂质及一些可能存在的胶粒。

配料：将混合均匀的胶液与茶汁混合后，在加热的条件下边搅拌边加入白砂糖、柠檬酸钾、磷酸氢钙，使之混合均匀。

加果粒：鲜荔枝果肉切成均匀粒状，加入上述配料溶胶中。

加酸：将柠檬酸溶液缓慢加入上述溶胶中，边加边搅拌，使之混合均匀后，立即注模。

灭菌储藏：将上述样品封口后经 3~5 分钟微波高火杀菌后，迅速放入冰箱冷却成型，在果冻模具中包装储藏。

按此方法生产的红茶果冻色泽为微红色，有一定的茶香味及荔枝果香，果冻呈凝胶状，组织柔软适中，富有弹性，口感细腻、均匀、透明性良好，无肉眼可见的外来杂质；脱离包装容器后，能保持原有的形状。

五、茶主食

茶主食类是指将茶叶与原有的主食原料混合加工而成的食品，主要有茶饭、茶粥、茶面条、茶馒头、茶饺子等。

1. 茶粥
用茶汤煮饭，茶叶的清香融入米饭的甜香，煮好的米饭不仅色、香、味俱佳，而且有诸多保健功效。我国云南茶叶之乡临沧流传着"好吃不过茶饭、好玩不过踩花山"的山歌民歌。历史学家徐连达所著《唐代文化史》中提到"茗粥，是以茶叶汁煮粥，其味清香，为江南吴地的食俗"。《保生集要》有"茗粥，化痰消食，浓煎入粥"。

原料：上等绿茶 10 克、上等糯米 50 克、精盐适量。

制法：将绿茶以 70℃浸泡，取茶汁备用。糯米煮粥后加入制好的绿茶汁，调以适量精盐。

特点：该茶粥清色绿，茶香显著，具有化痰消食、利尿消肿、益气提神等功效。常用不仅充饥解饿，对肠胃炎、慢性痢疾、肠炎等也有一定效果。

2. 抹茶蜂蜜馒头

原料：抹茶粉、面粉、酵母、蜂蜜。

制法：将面粉与抹茶粉按 100∶3 的比例混合后，加酵母发酵，发酵结束揉面成型后上蒸锅制成馒头。出锅微凉后在表面薄涂一层蜂蜜。

特点：该抹茶蜂蜜馒头外观碧绿，清香扑鼻，入口甜香，可谓色、香、味俱佳。因含有茶和蜂蜜的成分，因此除了有馒头的营养之外，还具有茶和蜂蜜的保健功效。

3. 茶面条

原料：绿茶、面粉以及各种辅料。

制法：取过 200 目筛网的茶粉，按 1∶50 与面混合均匀后，按常规制作面条工序制作面条，或者取上等茶叶 100 克（推荐以绿茶为主），加沸水 500~600 毫升浸汁，以此茶汁和面，按常规制作面条工序制作曲条。

特点：此面条色绿、味鲜、茶香，且下锅不煳。

六、茶奶粉

牛乳是一种营养全面、均衡的天然食品，而乳中的主要成分乳脂肪中含有8%左右的低级水溶性挥发性脂肪酸，这些脂肪酸容易受氧、光线、金属离子（Fe、Cu）、温度等因素作用而发生氧化，使乳与乳制品产生不同程度的质量缺陷。将茶汁与牛乳混合制备出茶味乳制品，既能保持乳的营养特性，又能体现茶的生物学功效，开辟茶叶利用新渠道，丰富乳制品市场。下面介绍茶味乳制品的生产技术。

1. 奶茶粉生产技术

干茶经粉碎、浸煮、净化制成茶汁，或制成细度低于200目的超微茶粉，原料乳经预处理、均质制成精制，将精盐、茶汁（超微茶粉）与精制乳混合，再杀菌、浓缩、喷雾干燥、出粉、冷却、筛选、包装、检验，制成茶奶粉成品。原料配比：鲜乳70%、干茶2.5%~5.0%（用水浸泡煮沸提汁）或超微茶粉、精盐0.8%。

2. 生产工艺操作要点

茶汁制取：将茶在90℃下烘烤约30分钟，然后破碎成茶末。用50℃的水浸泡10~20分钟，然后加热煮沸30分钟进行浸汁，为了保证茶汁的质量应使用软水，浸汁容器应使用瓷质容器或不锈钢容器。为提高茶叶出汁率，可浸煮2~3次。浸汁结束后，采用双联过滤器除去茶渣，即得茶汁。

标准化：以鲜乳为主要生产原料，按原料配比添加茶汁和精盐。

均质处理：为了使茶汁与牛乳充分混合，提高分散性，将混合物料加热至65~70℃，在12~15MPa的压力下进行均质处理。

杀菌物料：均质处理后，经板式热交换器，经85℃杀菌30

秒处理，然后进行真空浓缩。

真空浓缩：将杀菌物料浓缩至干物质含量为45%左右。

喷雾干燥：进风温度140~148℃，排风温度80~85℃，使浓缩物料被干燥成水分含量低于3%的粉末状态。

出粉、冷却：采用流化床进行连续出粉、冷却，以减少奶茶芳香物质的挥发，提高其速溶性。

包装：奶茶粉中含有食盐，吸潮性强，为了提高保质期，应采用铝箔袋包装。

产品组成及食用方法：奶茶粉一般组成为水分2.5%、脂肪25%、蛋白质25%、乳糖34%、灰分5.5%、食盐8%。

食用方法：饮用时用15倍温开水冲调，即具有奶茶风味。

3.茶奶粉实例

（1）绿茶奶粉的加工

将绿茶粉碎，将茶粉与奶粉混合，适量添加黄原胶，从而制作一种新的茶叶奶粉。绿茶粉碎度≤200目，奶茶比为20∶1，黄原胶浓度为0.06%~0.08%。通过对奶茶粉主要成分分析，添加茶粉后的奶茶粉中钙的含量下降4.8%，茶多酚在奶粉成分的作用下总量减少10.4%。

（2）花茶奶粉的制备

花茶奶粉的制备方法包括以下步骤：将玫瑰花、杭白菊、金银花、茉莉花、干茶混合，加水进行微波加热提取后过滤，得到花茶提取液。将所述花茶提取液与液态奶混合后，依次经过均质、杀菌、浓缩、喷雾干燥、流化床干燥、筛粉、金属检测得到花茶奶粉。花茶提取液直接参与调制乳粉生产配料，降低了提取液本身加工所需的杀菌、浓缩等热处理强度，减少了植物多酚的加工损失，提高了在成品中的分布均匀性。制得的花茶奶粉产品具有均匀稳定、花香浓郁的特点，且具有抗氧化、抗衰老功效，更有利于提高产品附加值。

（3）复合奶茶粉

原料包括龙井茶、奶粉、薏米粉、绿豆粉、柠檬、木糖醇、麦芽糖、枸杞子、甘草、决明子、陈皮和西洋参。该复合奶茶粉配比合理，营养均衡。

七、茶调味品

调味品是指能增加菜肴的色、香、味，促进食欲，有益于人体健康的辅助食品。它的主要功能是增进菜品质量，满足消费者的感官需要，从而刺激食欲，增进人体健康。从广义上讲，调味品包括咸味剂、酸味剂、甜味剂、鲜味剂和辛香剂等，像食盐、酱油、醋、味精、糖、八角、茴香、花椒、芥末等都属此类。调味品以粮食、蔬菜等为原料，经发酵、腌渍、水解、混合等工艺制成。

无论烹饪哪种食物菜肴，调味品都是非常关键的。目前调味品种类丰富、干净卫生、便于使用，可以在很大程度上节省烹饪菜肴的时间和过程，还能提升菜肴的质感。在日益快捷的生活节奏中，调味品的使用在居家烹饪中发挥着越来越重要的作用。因此，调味品行业是食品行业中的重要组成部分。

1. 调味品的分类

我国将调味品分为发酵调味品、酱腌菜类、香辛料类、复合调味品类、其他调味品、各种食品添加剂。

发酵调味品包括酱油类、酱类、食醋类、腐乳类、豆豉类、料酒类。酱腌菜类包括酱渍、糖渍、糖醋渍、糟渍、盐渍等各类制品。香辛料类包括辣椒制品、胡椒制品、其他香辛料干制品。复合调味品类包括开胃酱类、风味调料类、方便调料类、增鲜调料类。其他调味品包括盐、糖、调味油以及水解植物蛋白、鱼汁、海带浸出物、酵母浸膏、香菇浸出物。

2. 调味品的生产工艺

调味品的生产工艺主要有微生物酿造、水解、萃取、腌渍等。微生物酿造工艺是将原料接种发酵菌群发酵生产，如酱油、味精、腐乳等。水解工艺是用酸水解植物或动物蛋白的生产工艺，如配制酱油中的蛋白质调味液。萃取工艺是利用萃取技术，从动、植物中提取保持原汁原味的特色调味成分，如肉精、鸡精、调味油。腌渍工艺主要用于酱腌菜类产品，用植物性原料和盐、糖、酱、糟、醋等，经不同时间的腌渍生产出具有特殊风味的产品。

3. 茶调味品的营养价值

调味品按呈味感觉可分为酸味、甜味、苦味、辣味、咸味、鲜味、香味、复合味等。其中茶叶成分可提供苦味来源，同时茶叶成分含有多种有益健康的活性成分，且可以为调味品提供天然的抗氧化剂及天然色素，因此含茶调味品的研制为茶食行业的发展注入了新的活力。

（1）茶醋及茶醋饮料

根据《食品安全国家标准 食醋》（GB 2719—2018），食醋为单独或混合使用各种含有淀粉、糖的物料、食用酒精，经微生物发酵酿制而成的液体酸性调味品。中国各地物产气候不同，产生各具地方特色的食醋，如山西老陈醋、四川保宁醋。醋是弱酸，有很好的抑菌、杀菌作用，能有效预防肠道疾病、流行性感冒和呼吸道疾病。醋中蛋白质、脂肪、碳水化合物都比酱油低，但钾钠比例更合适。酸味主要来自醋酸，还有少量的乳酸等，这些有机酸能和酒中的乙醇反应，起醒酒的作用。醋用于烹饪，可增加菜肴的鲜、甜、香等，祛腥膻味，保护 Vc；促进钙、铁、磷等矿物质的溶解，提高食欲，消食化积。醋可消除疲劳，减轻晕车、晕船。服用某些药物如磺胺类药、碱性药、庆大霉素、链霉素、红霉素等抗生素，以及解表发汗的中药时，不宜食醋，以免降低药效。过敏者、低血压者、胃溃疡和胃酸分泌过多者不宜食醋，以免诱发或加重病情。高血压病人适量食醋对身体有益。食用醋较多的菜肴后应及时漱口以保护牙齿，食醋宜稀释后少量间隔饮用。优质醋大都色正味纯，质浓而不浑浊，味香柔而绵酸，无絮体、无沉淀。醋应尽量用密封的玻璃容器盛装，置于阴凉处贮存。

茶醋即在食醋生产过程中，添加茶粉、茶提取物等茶叶成分后，进行发酵酿制而成的液体酸性调味品。茶醋饮料是在茶醋的基础上，添加糖、果汁等其他成分配制而成的饮料，酸甜可口，茶香悠然，且具有开胃、消食、减肥等功效，深受女性消费者喜爱。

（2）茶酱油和茶酱类调味品

酱油色泽呈红褐色，有独特酱香，滋味鲜美。根据《食品安全国家标准 酱油》（GB 2717—2018），酱油是以大豆和／或脱脂大豆、小麦和／或小麦粉和／或麦麸为主要原料，经微生物发酵制成的具有特殊色、香、味的液体调味品。酿造酱油的制作原理是以小麦、大豆等为原料，接种曲霉菌种，在微生物的作用下，发酵酿制而成。蛋白质降解成为氨基酸和多肽，淀粉分解成为双糖和单糖，并发酵产生醇和有机酸，进一步生成酯类。氨基酸和糖类的美拉德反应生成芳香物质和类黑素，从而赋予酱油和酱类产品特殊的风味。配制酱油即用盐酸分解大豆里的蛋白质，使其变成单个的氨基酸，再用碱中和，加红糖作为着色剂而制成的化学酱油。酱油的鲜味取决于其氨基酸态氮含量高低。按照我国酿造酱油的标准，氨基酸态氮 >0.8 克 /100 毫升为特级；>0.7 克 /100 毫升为一级；>0.55 克 /100 毫升为二级；>0.4 克 /100 毫升为三级。

酱油的营养价值丰富。含有一定量的碳水化合物和多种氨基酸、各种 B 族维生素、一定量的钙、铁、磷等矿物质。饮食建议，酱油中钠含量高，患有高血压、肾病、妊娠水肿、肝硬化腹水、心功能衰竭的病人平时应小量食用。推荐食用酿造酱油，虽然配制酱油味道同样鲜美，不过它的营养价值远不如酿造酱油。

酱类是用面粉或豆类作原料，经蒸熟发酵，加盐、水制成的各种半固体咸味调味品。按原料分类为豆类—豆酱（大酱）、面粉—甜面酱、豆类面粉混合—黄酱。以大豆制作的酱，蛋白质含量比较高，甜面酱蛋白质含量 8% 以下，酱中碳水化合物以糊精、葡萄糖为主，少量戊糖、戊聚糖、维生素 B_2、烟酸。酱油中有机酸含量 2%，主要是乳酸，其次是琥珀酸。其香气成分主体是酯类物质（约 40 种），其次是醛类、酮类、酚类、呋喃类等。酱类含有多种有机酸，如柠檬酸、琥珀酸、乳酸、乙酸等。醛类是其香气主要来源，乙醛、异戊醛、异丁醛。

茶酱油和酱类调味品即添加茶成分的酱油和酱类调味品，既可以在酿制过程中添加茶成分，如茶粉、茶提取物、茶多酚、茶氨酸等，也可以在成品中加入茶成分。因茶成分具有很好的抑菌活性，因此可以延长酱油和酱类调味品的保质期，提高其抗氧化活性，并赋予其天然的茶香风味。

（3）茶复合调味品

茶复合调味品是指添加茶成分的如香辛调味料、火锅底料等复合调味料。茶成分的添加赋予复合调味料天然的色泽和特殊的茶香，并增加抗氧化活性，延长货架期。

4. 茶调味品实例

（1）苹果汁发酵型茶醋

以茶叶和苹果汁为原料，沪酿 1.01 醋酸菌为菌种，液态深层发酵酿制苹果茶醋。茶醋酿制的最佳工艺参数为温度 34℃，接种量 7%（体积比），初始酒度 8%（体积比），发酵时间为 10 天。最终酸度达到 63 克/升。经陈酿后的茶醋澄清透亮，色泽金黄，醋味浓郁，同时具有苹果和茶叶的特殊清香味，酸味纯正柔和，口感醇厚。

（2）白酒、糖、醋酸菌酿制茶醋

茶醋由茶叶、白酒、糖和醋酸菌组成，按质量百分比其含量为茶叶 10%~15%、白酒 27%~32%、糖 8%~12%、醋酸菌 0.02%~0.05%，余量为水。制备时将茶叶浸泡在水中，过滤后得茶滤液；在茶滤液中加入白酒、糖和醋酸菌，经发酵后过滤得成品。

（3）葡萄酒活性干酵母酿造茶醋

原料有茶叶、白砂糖和水，选用葡萄糖发酵酵母发酵制取茶原酒。由茶原酒接种醋酸菌，选用醋酸菌发酵酿造茶原醋。在茶原醋中加入白砂糖或蜂蜜，过滤制得茶醋。茶原酒发酵阶段由茶叶、白砂糖、葡萄酒活性干酵母和水组成，按质量百分比其含量为茶叶 1.25%~2.5%，白砂糖 10%~20%，葡萄酒活性干酵母 0.015%~0.025%，余量为水。

（4）嫩栗香型都匀毛尖茶醋

以夏季都匀毛尖茶为原料，利用固态发酵的方法，在 32℃ 条件下，以 6 克茶叶发酵 12 天得到的茶醋。品质佳，色泽黄绿色，口感醇和，酸甜爽口，醋味中带有糯米香和嫩栗香，其中糖度为17.47%，酒精度为 8.1%，pH 值为 3.47，酸度为 213.33Mv，ΔE值达到 27.36。铜、锌、铁等理化指标及菌落总数，大肠菌数，霉菌和酵母等微生物限量均符合食品安全国家标准。

（5）瓜果香型茶醋

以黑糯米和红茶为主要原料，在32℃条件下，以3.5克茶叶发酵12天得到的茶醋饮料品质好，色泽金黄剔透，香气浓郁，酸甜爽口，无异味，无正常视力可见外来异物。其糖度为19.4%，酒精度为9.53%，pH值为3.52，酸度值达到215.33Mv，ΔE值为29.77。铜、锌、铁等理化指标及菌落总数，大肠菌数，霉菌和酵母等微生物限量均符合食品安全国家标准。

（6）高原古树红茶酿造甜香型茶醋

以高原古树红茶为原料，在32℃、85%恒温光照培养箱中，以6克高原古树红茶发酵12天得到的茶醋，品质好，清澈透亮，色泽黄亮，酸甜可口，并具有红茶的茶香和糯米香。其糖度达到16.47%，酒精度达到7.93%，pH值达到3.55，酸度值达到217.66Mv，色差ΔE值达到24.12。铜、锌、铁等理化指标及菌落总数，大肠菌数，霉菌和酵母等微生物限量均符合食品安全国家标准。

（7）古丈毛尖茶汁调制功能型醋茶饮料

以古丈毛尖茶汁为主料，醋、蜂蜜、蛋白糖等为辅料，茶水质量比1∶120，浸提温度80℃，浸提时间10分钟。醋茶饮料的配方为：香醋用量5.00%，蜂蜜0.60%，蛋白糖0.10%，柠檬酸0.20%。得到的醋茶饮料淡黄，透明，有清香，不仅可以生津解渴，且具有防治心血管疾病、防癌抗癌等保健作用。

（8）茶料酒

茶料酒由茶叶、白砂糖、香料、食盐以及其他辅料和水组成。茶料酒的酿造方法是先制取茶叶浸提液，在茶叶浸提液中加入白砂糖和其他辅料制成发酵液，选用活性干酵母发酵，制备茶原酒，用茶原酒浸泡香料，再经过调配，过滤灌装，巴氏杀菌，贴标装箱，制得茶料酒。按质量百分比其含量为茶叶 1.25%~2.50%，白砂糖及辅料 18%~28%，酿酒活性干酵母 0.015%~0.025%，余量为水。选用中低档茶叶，生产成本较低。

（9）普洱茶陈皮浓缩汁

普洱茶陈皮浓缩汁按重量份数计，包括普洱熟茶浓缩汁 60%~90%，陈皮浓缩汁 10%~40%。其制备方法为制备普洱熟茶浓缩汁，制备陈皮浓缩汁，将普洱熟茶浓缩汁 60~90 份和陈皮浓缩汁 10~40 份混合均匀，灭菌后在 4~12℃的低温下无菌灌装，即得普洱茶陈皮浓缩汁。得到的普洱茶陈皮浓缩汁，其中小分子茶多酚种类非常丰富且含量高，更加易于人体吸收；陈皮风味独特，增强了适口性与质感，香味十足，能够满足特定人群的需求。

（10）茶油毛尖茶辣椒酱

茶油毛尖茶辣椒酱以质量份数计，包括如下成分：茶树油200 份、辣椒 100 份、毛尖茶 15 份、茶叶提取物 10 份、豆酱 2.5份、姜末 2 份、蒜末 3.5 份、花生 5 份、白糖 0.4 份、芝麻 0.5 份、盐 0.2 份。茶油毛尖茶辣椒酱原料食材健康，口感独特，具有茶香味，不辣，多吃不上火。

（11）乌龙茶香虾风味调味料

原料：乌龙茶香虾粉 5~10 份、食用盐 10~15 份、白砂糖25~35 份、味精 10~15 份、大豆油 13 份、酸水解植物蛋白粉 25 份、酱油粉 25 份、香辛料粉 68 份、干燥剂 11.5 份、I+G 0.2~0.5 份、干贝素 0.1~0.3 份。本乌龙茶香虾风味调味料风味独特，具有浓香烤虾风味，虾味鲜香，无异味，无腥味，兼具乌龙茶的清香以及香辛料的复合香气，咸鲜适口，可以适量在方便食品、休闲膨化食品以及餐饮等多领域使用，使用方便且风味稳定。

（12）含有茶叶的卤制品香辛调味料

含有茶叶的调味料采用茶叶为基料，辅助添加多种调味料及中草药，在保证酱料风味的同时还兼具很高的营养价值，为卤制品的制作提供了一种极好的底料。原料包括茶叶、香叶、桂皮、草果、山柰、甘松、八角、香果、砂仁、白蔻、甘草、白芷、当归、丁香、胡椒、小茴香、枸杞、红花椒、豆蔻、香茅草、辣椒。采用茶叶作为底料进行调配而成，使生产出的食品中具有茶叶的清香和营养价值，整体在保证味道清香独特的同时，又在很大程度上提升了酱料的健康程度，比传统的单纯使用花椒、大料等调味品的方式在健康等级上高出很多倍。

（13）茶香养生调味粉

原料：金银花 4~5 份、冬虫夏草 3~4 份、蚕豆壳 5~6 份、木香 3~4 份、牛蒡根 3~4 份、南烛叶 2~3 份、朱蕉花 1~2 份、甲鱼 8~10 份、绿茶叶 7~8 份、荞麦粉 45~50 份、荸荠 10~11 份、虾皮 10~11 份、橙汁 2~3 份、甜面酱 4~5 份、甜杏仁 30~33 份、酱油 22~23 份、生姜 9~10 份、营养添加剂 8~9 份。该调味粉添加了绿茶叶，具有淡淡的茶香，同时，虾皮提高了本调味粉的钙含量，而荞麦粉中含有丰富的蛋白质、膳食纤维、微量元素等，使本调味粉营养全面。此外，添加多种中草药，可清热解毒、补肺益肾、益肠胃。

（14）铁观音茶香火锅底料

原料：豆油 100 克、豆瓣 10 克、干辣椒 3 克、葱 12 克、姜 7 克、蒜 10 克、冰糖 10 克、八角 2 克、桂皮 3 克、小茴香 2 克、盐和味精少许、铁观音茶干粉 10 克，茶香火锅底料的原料所制得的产品风味独特，品质优良。

（15）茶香牛肉风味调味料

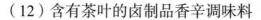

茶
食

原料：牛肉酶解物 70~90 份、鸡肉酶解物 5~10 份、牛油 5~10 份、氨基酸 1~14 份、青葱粉 2~6 份、姜粉 2.5~7 份、黑胡椒粉 1.5~3.2 份、桂皮粉 1.2~2.5 份、八角粉 1.8~2.7 份、木糖 4~9 份、果糖 5~10 份、绿茶粉 7~14 份、麦芽糊精 60~90 份、食盐粉 30~45 份、味精粉 20~35 份。利用酶解技术与美拉德反应技术，以传统菜肴茶香牛肉的香气和风味为依据，将茶香牛肉风味调味料加入膨化食品、豆制品等休闲食品中，达到了使休闲食品具有浓郁茶香牛肉风味的目的。

八、茶肉食品

肉类食物，简称"肉类"，是指人类饮食中最重要的一类食物。它的原料为各种动物身上可供食用的肉及一些其他组织，经过不同程度及方法的加工，成为不同种类的肉类食物。常见的肉类包括畜肉、禽肉。畜肉有猪、牛、羊、兔肉等，禽肉有鸡、鸭、鹅肉等。肉类含丰富的蛋白质、脂肪和 B 族维生素、矿物质，是人类的重要食品。它们能供给人体所必需的氨基酸、脂肪酸、无机盐和维生素。肉类营养丰富，吸收率高，滋味鲜美，可烹调成多种多样为人所喜爱的菜肴，所以肉类是食用价值很高的食品。

肉类几乎是最普遍受人喜爱的食物。肉类营养丰富，味美，食肉使人更能耐饥；长期食用，还可以帮助身体变得更为强壮。此外，人食用肉类食物，可以刺激消化液分泌，助于消化。肉中的蛋白质含量为 10%~20%。新鲜肉的平均含水量为 60%~70%，脂肪含量与水含量成反比。肉中的脂肪含量与动物的种类、年龄、身体的部位、育肥状况均有关系。100 克肉的平均能量为 880 千焦耳（210 大卡）。

因为肉含有供给生物生存的各种营养,含有大量的水分,故肉十分容易变质。有足够空气时,未经适当处理或保存的肉上面会滋生细菌,肉会变得发黏、变臭;缺少空气时,如果没有保护或处理,也会变酸、腐败。因此,以合适的方法保藏肉类是十分必要的。肉保藏得好坏与否,是肉类食物生产、加工经济中的关键因素。不同的保藏方法,将提供不同的保藏质量、保藏期限。冷冻是现今以及近几十年来最主要的保藏鲜肉的方法,而过去在机械冷冻发明前,腌制曾是保存肉类的主要办法。

茶叶是加工肉制品的一种重要特色添加物,茶叶在肉制品生产加工中应用的主要方法有 8 种:渍制、熏制、卤制、煮制、蒸制、爆制、拌制、撒制。以下介绍几款茶肉食品。

1. 绿茶风味猪肉脯

步骤:原料预处理:取猪后腿肉,剔除碎骨、软骨、筋、淋巴和毛发,切块后在 18℃下冷冻 24~48 小时,取出后在室温下静置 3~4 小时,切碎;以绿茶浸提汁及调味料腌制;抹片;烘制、烤制;冷却;包装。绿茶风味猪肉脯制备方法简单,猪肉脯不仅具有绿茶的清香风味,茶香味浓,还具有绿茶的营养成分,表面油润有光泽,无硬感,货架期长。

2. 茶风味乳酸发酵香肠

以茶叶浸提液和猪肉为原料,采用保加利亚乳杆菌和嗜热链球菌作为发酵剂,进行发酵制备茶风味乳酸发酵香肠。配方为茶叶在 85℃条件下浸泡 3~4 分钟,茶叶浸提液与猪肉质量比为 4:6、白砂糖 2%、盐 3%、味精 0.2%、白胡椒粉 0.25%;最适工艺条件为:乳糖添加量 0.75%,接种量为 4%,发酵温度 37℃,发酵时间 12 小时。该产品具备天然茶叶清新风味,色泽均匀,有发酵型乳酸香肠特有的酸味,润滑的质构,口感舒适,质地较紧密、细腻。

3. 绿茶风味发酵香肠

在传统发酵香肠工艺的基础上，通过添加适量绿茶提取液，获得了一种具有绿茶风味的发酵香肠。以重量变化和 pH 值为评价指标，确定绿茶风味发酵香肠最佳肥瘦比为 3∶7；通过感官评价和对 pH 值的影响确定绿茶浸提液添加量与猪肉比为 4∶6；以绿茶风味发酵香肠的感官评价结果为评价指标，最佳发酵工艺为乳糖添加量 0.75%，接种量 4%，发酵温度 37℃，发酵时间 6 小时。

4. 抹茶牛肉丸

原料：牛后腿肉 100~150 份、抹茶粉 15~25 份、白砂糖 35 份、食盐 23 份、味精 13 份、姜 23 份、葱 23 份、大豆蛋白 9~11 份、淀粉 15~45 份、肉桂 35 份、花椒 15 份、茴香 35 份、陈皮 25 份、丁香 25 份、八角 25 份、水适量。制作方法：原料预处理、配料、腌制、擂溃、肉丸成型与熟制、成品、包装。以牛后腿肉为主原料，加入抹茶粉，有利于提升牛肉丸的口感。

5. 普洱茶香即食羊肉

配料：羊肉 300~310 份、食盐 10~15 份、干蒜末 10~15 份、花椒粉 10~15 份、八角粉 10~15 份、蝉蛹 10~12 份、鸡蛋豆腐 4~6 份、火龙果汁 14~15 份、椰子油 2~3 份、普洱茶粉 8~9 份、蛇皮果 5~7 份、鱼丸 8~10 份、甘薯 5~6 份、蔓越莓汁 9~11 份、小麦胚芽油 40~50 份、佛手 1~2 份、枳实 1~2 份、西瓜皮 1~2 份、柚子皮 1~1.5 份、知母 1~1.5 份、水适量、营养助剂 40~50 份。该普洱茶香即食羊肉在加工过程中使用了普洱茶粉，工艺新颖，口味独特，香味浓郁，有降脂、减肥、养颜、降压、抗动脉硬化、护胃养胃之功效，加入的中药具有健脾养胃、理气止痛、护肤美容等功效。

6. 茶多酚羊肉香肠

羊肉香肠制作方便，营养价值高，可携带，满足不同需求的羊肉香肠及其加工工艺。包括如下成分：羊肉 60~80 份、奶酪 10~20 份、水 10~15 份、食盐 5~10 份、三氯蔗糖 1~3 份、胡椒粉 0.5~2 份、茶多酚 0.5~1 份、老抽 1.5~3.5 份、小茴籽 1.5~2 份、八角 2~4 份、生姜 2~3 份、绍兴酒 2~4 份、香油 0.5~1.5 份、丁香粉 0.5~1.5 份、洋葱粉 0.4~0.8 份、月桂叶 1~2 份和香菜 0.5~1 份。本茶多酚羊肉香肠的配方科学合理，制作方法简单，采用天然原料作为调味剂，安全性能高。

7. 六堡茶叶鸡

加工方法：原料：肉食鸡一只、六堡茶 5 克、调味料适量。选择品质好的六堡茶老茶茶叶放入热水浸泡后，固液分离后分别得到六堡茶老茶茶汤及六堡茶老茶茶叶渣，再将六堡茶老茶茶叶渣装入滤网袋中得茶叶渣袋，并将茶叶渣袋塞入鸡肚内，将新鲜整鸡放入容器内并倒入六堡茶老茶茶汤浸泡后捞出晾干，将新鲜整鸡放入蒸锅中初次蒸煮后再次浸泡，将整鸡再次放入蒸锅中二次蒸煮后，即得六堡茶茶叶鸡。该六堡茶茶叶鸡既有鸡肉的香气，也有六堡茶的醇香气味，还能使鸡肉的食用口感更好。

8. 龙井茶香鸡

制备方法：配制卤水，将整鸡进行清洗处理后，放入卤水中腌制；配制烘烤汤汁：将腌制好的整鸡与烘烤汤汁置于砂锅中，用锡纸密封后，进行烤制，得到龙井茶香鸡。该龙井茶香鸡的制备工艺简单，操作方便，以龙井茶入味，茶叶去油增香，与调料和中药共同作用，保持了鸡肉的特色，丰富了菜肴的风味和营养成分，通过腌制，烤制等工序，使龙井茶香鸡具有色泽金黄，口感外酥里嫩，茶香味扑鼻，营养成分易于被人体吸收的特点，满足消费者对口味、养生及审美的需求。

9. 绿茶风味发酵鸡肉料理包

原料：鸡肉 200~210 份、茄子皮 23~26 份、竹笋 30~33 份、绿茶 3~4 份、冬瓜皮 4~5 份、乳酸菌、调味料、大豆油和水适量。该料理包加工原料丰富，主料鸡肉在腌制且乳酸发酵后与茄子皮、绿茶等多种辅料合理搭配酱炒加工，所含营养丰富，提高了营养价值，有特色绿茶风味，营养、卫生、方便。

10. 茶叶香鸭

茶叶香鸭加工法，包括宰杀整形、上色烹炸、配料焖煮、加料烘烤。通过宰杀整形、上色烹炸、配料焖煮、加料烘烤等关键技术控制，选择好本地高山茶叶及饴糖加入量和烹炸时间，炸出茶叶香鸭香味浓度、配砂仁、丁香、草果、肉蔻名贵作料和高山茶叶入锅，旺火煮开后，微火焖八成熟时，约 5~10 分钟，高温烘烤，至产生高山茶叶特有香味，约 0.5 小时，增加鸭肉鲜嫩香脆口感，并达到保质期内品质口感不变的要求，以技术手段生产出外形完整、色泽金黄、肉质松软并具有高山茶叶特色香味的茶叶香鸭。

11. 茶香盐焗鸭翅

我国是鸭肉消费和贸易大国，但鸭肉制品的生产加工规模小，产品类同，严重制约了我国鸭肉产业的发展。加大力度开发新产品是促进该产业发展的有效措施之一。研制出健康新型、口味独特的茶香盐焗鸭翅，不仅丰富了大众群体消费鸭肉制品的形式，还为低档茶叶的综合消费开拓了新途径。通过茶叶成分天然抗氧化剂进行复配，延长茶香盐焗鸭翅的货架期，在提高低档茶叶经济价值的同时，为新型小包装休闲鸭肉制品的生产提供理论依据和实践指导。

茶香盐焗鸭翅的基本工艺流程为：冷冻鸭翅→解冻→清洗→预煮→沥干→添加食盐、茶粉、复合磷酸盐、抗氧化剂→腌制12小时→盐焗→冷却→真空包装→高温灭菌→冷却，成品，检验。绿茶粉（100目）最佳添加量为6.0克/100克，食盐最佳添加量为2.0克/100克，盐焗最佳温度为150℃，盐焗最佳时间为90分钟。

九、茶水产品

　　水产品是海洋和淡水渔业生产的水产动植物产品及其加工产品的总称，包括捕捞和养殖生产的鱼、虾、蟹、贝、藻类、海兽等鲜活品；经过冷冻、腌制、干制、熏制、熟制、罐装和综合利用的加工产品。水产食品营养丰富，风味各异。低值鱼类和加工废弃物等制成的鱼粉、浓鱼汁等是重要的蛋白质饲料。利用水产动植物制成的蛋白质水鲜产品，如油脂、胶类、维生素、激素和其他制品，是有多种用途的化工、医药用品。

　　茶叶是加工水产品的一种特色添加物，茶叶在水产品生产加工中应用的主要应用方法有腌制、熟制、罐装和综合利用等，可为新产品设计与开发提供参考。

1. 水产品的主要类型及营养价值

（1）鱼类

　　由于鱼类蛋白质肌纤维纤细，较易被人体吸收，所以比较适合病人、老年人和儿童食用。它脂肪低的特性，对冠心病有一定预防作用。鱼类蛋白质的氨基酸组成与人体组织蛋白质的组成相似，因此其营养价值高。鲫鱼，有益气健脾、利水消肿、清热解毒等功能；鲤鱼，有健脾开胃、利尿消肿、止咳平喘、清热解毒等功能；鲢鱼，有温中益气、暖胃、滋润肌肤等功能，是温中补气养生食品；青鱼，有补气养胃、化湿利水等功能，其所含锌、硒等微量元素有助于抗癌；黑鱼，有补脾利水、清热祛风、补肝益肾等功能；墨鱼，有滋肝肾、补气血、清胃去热、养血、明目等功能；草鱼，有暖胃、平肝祛风等功能，是温中补虚的养生食品；带鱼，有暖胃、补五脏等功能，可用作迁延性肝炎、慢性肝炎的辅助治疗；鳗鱼，有益气养血、柔筋利骨等功能。

（2）虾类

虾的营养极为丰富，含蛋白质是鱼、蛋、奶的几倍到几十倍，还含有丰富的钾、碘等矿物质及维生素 A 等成分。虾的通乳作用较强，并且富含磷、钙，对小儿、孕妇尤其有补益功效。

（3）贝类

贝类具有高蛋白、高铁、高钙、少脂肪的特点。人们在食用贝类食物后，常有一种清爽宜人的感觉，这对解除一些烦恼症状无疑是有益的。需要注意的是，不要食用未熟透的贝类。

（4）蟹类

蟹类味鲜美，有丰富的蛋白质、钙和维生素，主要用来食用，其营养成分、利用价值极高。蟹的营养丰富，蟹壳中含有丰富的钙盐。而螃蟹性味咸寒，有滋阴补髓、清热化痰、催产下胎和抗结核、补虚损的作用。

（5）藻类

藻类是无胚，自养，以孢子进行繁殖的低等植物，供人类食用的有海带、紫菜、发菜等。而藻类食物富含蛋白质、膳食纤维、维生素和微量元素。例如，海带的含碘量较高，而且还富含蛋白质、脂肪、膳食纤维、碳水化合物、硫胺素、维生素 E、钾、钠、钙、镁、磷、硒、胡萝卜素、维生素 B_1、维生素 B_2、烟酸等多种微量元素，是一种碱性食品，具有低热量、中蛋白、高矿物质的特点，还有抗凝血作用。在含动物脂肪的膳食中加些海带同煮，会使脂肪在人体内的积蓄趋向于皮下和肌肉组织，而不会在心脏、血管和肠壁停积。因此，常吃海带可以预防血管硬化、冠心病、肥胖、白内障等疾病。此外，海带中的褐藻氨酸还有降血压的作用。但食用海带时，由于其含砷较高，应注意用水洗泡。

2. 水产品易变质的原因

水产品的特性是鲜度容易下降，腐败变质迅速。水产品腐败变质，一方面是因为水产品本身带有或在贮运过程中所携带微生物在适宜环境中分解鱼体蛋白质、氨基酸、脂肪等成分，产生有异臭味和毒性的物质，进而使水产品变质。鱼贝类死后的僵硬、解僵及自溶等一系列变化进度快，是因为鱼贝类结缔组织少、肉质柔软、水分含量较高、体内组织酶活性强、蛋白质和脂质比较不稳定的缘故。鱼贝类的脂肪含有多不饱和脂肪酸，如十四烯酸、棕榈油酸、十六碳二烯酸、油酸、亚油酸、山嵛烯酸、花生烯酸、二十碳烯酸（EPA）、二十二碳六烯酸（DHA）等。这些不饱和脂肪酸极不稳定，在光照和高温条件下双键易氧化，逐渐分解成醛、酮类物质，使鱼肉产生不良气味而导致风味的改变和引起鱼肉蛋白质的腐败和变质。水产品的保鲜通常是用物理或化学方法延缓或抑制生鲜鱼贝类的腐败变质，以保持其新鲜状态与品质。茶多酚因为其良好的抗菌及抗氧化性作用已越来越多地被应用于水产品的保鲜中。

3. 茶叶成分对水产品品控的影响

茶叶具有吸湿性强的特点，易吸附周围的水分，将茶粉添加在保鲜水产品中，可以降低水产品含水量，抑制微生物生产。茶多酚是从茶叶中提取的天然多酚类物质，具有良好的抗氧化和抑菌的性能，是一种值得研究和大力开发的天然食品抗氧化剂。

（1）茶多酚在鲜鱼保鲜中的应用

国内外许多学者研究了茶多酚对鲜鱼的保鲜作用，包括鲢鱼、鲫鱼、草鱼、鲤鱼、带鱼等，表明茶多酚能够明显地延缓鲜鱼腐败变质的速度。结果发现，在 $-3℃$ 条件下碎冰贮藏时喷淋 0.2% 茶多酚对白鲢鱼的保鲜作用。茶多酚能有效地抑制鱼肉组织内源酶的活性和腐败菌的生长繁殖，明显降低鱼肉的 pH 和用于评价肉质鲜度的挥发性盐基氮（TVB-N）值。喷淋茶多酚的白鲢鱼货架期达到了 35 天，比未喷淋的延长了 7 天。鲜鱼切片后，用 6 克 / 升的茶多酚进行浸泡，在 5℃ 条件下贮藏的货架期也达到 35 天。将 6 克 / 升的茶多酚加入带鱼段中冷藏贮存，带鱼段样品贮藏 10 天仍能达到二级鲜度，比对照组延长了至少 3 天的货架期。用 0.1% 的茶多酚浸泡的鲫鱼，在第 20 天的贮藏品质相当于未用茶多酚处理的第 10 天时的品质。将不同浓度的茶多酚添加到草鱼中并提取鱼油，结果表明，茶多酚对过氧化值和丙二醛的影响都比较显著，添加茶多酚的处理比对照组的酸价值低 30% 左右，而且第 5 天后，浓度为 0.05% 和 0.07% 处理组的抗氧化作用仍然良好。

（2）茶多酚在鱼糜保鲜中的应用

鱼糜制品即在鱼肉中加入 2%~3% 的食盐，研磨成肉糊后，再对其加热，使之凝固制成的凝胶状食品的总称。鱼糜最初由日本于 20 世纪 60 年代以海产低值鱼类为原料加工而成，可以实现连续化生产，是一种大量加工转化鲜鱼的有效途径。鱼糜在冷藏条件下能够较好地保持鱼肉的鲜度，但是保持时间较短，且容易氧化、腐败、变质；而冷冻贮藏，又很容易使其水分流失和蛋白质变性，致使鱼糜凝胶强度和弹性降低。

将茶多酚添加到鱼糜中，可在延长鱼糜货架期的同时提高鱼丸的凝胶性能。将茶多酚用于梅鱼鱼丸保鲜作用的研究，鱼丸经真空包装后，于0℃下贮藏，添加了茶多酚的鱼丸细菌总数和反应油脂酸败程度的硫代巴比妥酸（TBA）值比对照组低，硬度比对照组高，但其弹性与对照相仿。将茶多酚与维生素C和柠檬酸复合添加到鱼糜中，探讨茶多酚对鱼糜的保鲜效果，结果表明，添加了茶多酚的冷藏鱼糜的成胶性能较好，酸价、过氧化值以及TVB-N值都较低。以上研究表明，将茶多酚添加到鱼糜中具有较好的保鲜效果。但是，茶多酚是否会对产品的色泽产生影响？是否会与其他物质发生反应？影响鱼肉蛋白质的功能特性和产品营养特性等方面还有待探索。

（3）茶多酚在牡蛎保鲜中的应用

目前市场上牡蛎的销售以开壳为主，牡蛎机体相当柔软细腻，极易在加工或处理中受到破坏而破肚、变色及快速自溶等。目前常用的冻藏保鲜、高压处理保鲜等方法都会不同程度地对牡蛎机体组织造成伤害，臭氧处理也存在一定的残留问题，而茶多酚结合低温保鲜可在一定程度上缓解对牡蛎机体组织的伤害。采用1.0%茶多酚+0.5%壳聚糖+0.06克/升溶菌酶的复合配方研究了在5℃条件下对牡蛎的保鲜效果，复配保鲜剂处理组牡蛎的货架期为19天，比未处理组延长了近1倍。而且两组货架期终点的优势腐败菌也明显发生了改变，未处理组为假单胞菌，处理组为乳酸球菌。

（4）茶多酚在虾、蟹保鲜中的应用

虾的鲜度变化规律和其他水产品相似，当虾体变黑，体表失去光泽，呈现"腐败"状态时即不可食用。用茶多酚对南美对虾进行处理，通过TVB-N值和pH值的综合分析发现，经1.60%茶多酚处理的对虾肉保存时间可达8天，延长了南美对虾的保鲜期。用0.50%茶多酚+0.08%乳酸链球菌素+0.03%溶菌酶+0.10%山梨酸钾复配成的保鲜剂可有效地抑制蟹糊中微生物的生长。

4. 茶水产品实例

（1）巢湖湖鲚茶鱼

以巢湖湖鲚为原料鱼，用优质茶叶制成茶汁去腥增香，采用水油一体混炸技术加工茶鱼。生产出来的茶鱼产品卫生检测的各项指标都合格，风味独特，既保持了湖鲚鱼的原有风味及营养成分，又渗透了茶汁的清香，属纯天然茶食，蛋白质 15.5%，脂肪 5.1%，碳水化合物 4.1%，富含钙、磷及微量元素硒，是很好的功能食品。茶鱼产品是人类较为理想的健康食品，具有广阔的国内外市场前景。

（2）风味茶汁鱼肉香肠

以鱼糜、猪肉为主要原料，茶液、水果、发酵蔬菜和香辛料提取液等为主要辅料加工制作而成。依据所用材料的不同，提供了 3 类风味不同的风味茶鱼肉香肠的配方。依据产品保藏方法的不同，提供了干燥性风味茶鱼肉肠、冷藏型熟制风味茶鱼肉肠和常温贮藏型熟制风味茶鱼肉肠 3 类产品。在香肠加工中添加茶液、水果及发酵蔬菜，可以在香肠成熟过程中促进乳酸菌等有益微生物的生长，抑制香肠加工过程中腐败菌及有害微生物的生长繁殖以及亚硝酸盐的产生和积累，食用安全性高。同时，还能使香肠别具风味，并且减少香肠的油腻感，使香肠的营养更趋均衡。

（3）茉莉绿茶味膨化鱼虾食品

将茉莉花与绿茶叶浸泡食盐水后，揉搓沥干，冷冻粉碎，与芡实、芝麻混合放入食盐水翻炒，将虾仁与鱼肉打成泥与炒制后茉莉绿茶粉末混合放置后加热，将乳清蛋白与木糖醇混合加热后，加入面粉中后将鱼虾类的混合物也加进去，混合均匀，膨化成型烘烤，将面团冰冻粉碎后，隔水加热，膨化成型烤制后即得。本发明制备的茉莉绿茶味膨化鱼虾食品含有高蛋白的成分，具备花香与茶香，口感好，营养健康。

十、茶保健食品

根据《保健食品》中的定义，保健食品是指具有特定保健功能或者以补充维生素、矿物质为目的的食品，即适宜于特定人群食用，具有调节机体的功能，不以治疗疾病为目的，并且对人体不产生任何急性、亚急性或者慢性危害的食品。保健品是保健食品的通俗说法，世界其他地区一般称之为膳食补充剂。保健食品审批、生产经营、保健食品标签、说明书及广告宣传等均需依据卫生部于1996年3月15日发布的《保健食品管理办法》（卫生部第46号令）相关规定。

保健食品是食品的一个种类，其保健作用在当今社会中，正在逐步被广大群众所接受。按照人体所需要的营养物质成分，从天然植物、蔬菜、水果及奶制品等物质成分中提取制作而成，对人体的使用来说可以按清、调、补三个方面分类配制。

保健品与一般食品有所区别。保健食品含有一定量的功效成分，能调节人体的机能，具有特定的功效，适用于特定人群。一般食品不具备特定功能，无特定的人群食用范围。保健食品不能直接用于治疗疾病，它是人体机理调节剂、营养补充剂。当然，保健品在固定的保健功能方面可以比营养品获得的更多，人体的矿物质并不平衡，所以在某些方面保健品占有更大的优势。保健食品与药品不同，二者在生产及配方组成、生产过程的质量控制、疗效、说明书和广告宣传等方面均有所不同。

茶保健食品是包含茶提取物及茶叶功能成分，能调节人体机能，适用于特定人群食用，但不以治疗疾病为目的的食品。中国是茶树的原产地，茶叶被发现和利用已有数千年的历史。古人的饮茶经验已经证明茶对人体有着特殊的保健功能，而且现代科学研究也发现了茶与健康的关系。茶是风靡全球的三大无酒精饮料之一，被誉为绿色的金子、延年益寿的灵丹妙药。茶与人们的生活密不可分，具有明目、减肥、利尿、降压、降脂、抗癌、防龋齿、抗辐射、抑制动脉硬化等保健功效。

茶的保健功效得益于茶叶中蕴含的多种功能性成分。茶叶中的化学成分有 500 多种，其中有机化合物达 450 种以上，无机化合物约有 30 种。饮茶在给人精神愉悦的同时，还补充了人体所需的水分、氨基酸、维生素、茶多酚、生物碱、类黄酮、芳香物质等多种有益的有机物，并且还提供了人体组织正常运转所不可缺少的矿质元素。目前研究和开发利用程度最高的茶叶功能成分为茶多酚、茶氨酸、咖啡碱和茶多糖。以茶叶及其功能成分为原料制成的天然保健食品越来越受到人们的青睐。

1. 全茶保健品

全茶保健品是由茶粉或茶的粗提物制作而成的保健品，包含茶的全部功能成分。目前主要开发的全茶保健品，大多仅标注其降脂减肥功能，但事实上，添加全茶的保健品，具有茶的多种保健功能。

中国农业科学院茶叶研究所研发的一款全茶保健食品，其主要原料为茶叶提取物、黄芪提取物、黄精提取物、枸杞子提取物、微晶纤维素、淀粉、薄膜包衣预混剂（聚乙烯醇、二氧化钛、滑石粉、聚乙二醇、磷脂（大豆磷脂）、柠檬黄铝色淀、亮蓝铝色淀、日落黄铝色淀），功效成分/标志性成分含量中每 100 克含有茶氨酸 4.38 克、粗多糖 6.3 克。食用方法及食用量为每日 2 次，每次 2 片，口服。保健功能为缓解体力疲劳、增强免疫力，适宜人群为易疲劳者、免疫力低下者；不适宜人群为少年儿童、孕期及哺乳期妇女。

一款以江西宁红茶为主要原料的全茶保健品，原料为宁红茶、决明子、山楂、荷叶。功效成分/标志性成分中每粒含蒽醌衍生物。食用方法及食用量为用沸水浸泡后口服，一次两袋，一日2~3次。保健功能为减肥、调节血脂，适宜人群为单纯型肥胖及高血脂人群。

某普洱茶全茶保健品，其100克产品中茶多酚含量为15克、粗多糖18克。推荐剂量为每日6次，保健功能为辅助降血糖，适用于血糖偏高者。

一款以红茶提取物为主要原料的某全茶保健品，原料包含红茶提取物、玉米油、明胶、甘油、山梨醇、胭脂树橙、天然焦糖色素。功效成分/标志性成分中每粒含茶多酚302.2毫克，其中茶黄素85.2毫克。推荐剂量为每日1粒，餐后食用。保健功能为调节血脂，适宜血脂偏高者食用。

以滇红茶为主要原料的某全茶保健品，其成分还包含西红花、丹参、桃仁、菊花、枸杞子、元肉。功效成分/标志性成分含量为每100克含有茶多酚5.7克、多糖1.22克。食用方法及食用量为开水冲泡每日4次，每次1包。保健功能为调节血脂，适宜血脂偏高者食用；不适宜少年儿童食用。

某全茶保健品主要原料为大豆磷脂、葛根提取物、葡萄籽提取物、牛磺酸、白芍提取物、茶叶提取物等。功效成分/标志性成分含量为每100克含原花青素9.1克、牛磺酸8.2克、茶氨酸0.866克。食用方法及食用量为每日2次，每次2片，温开水送食。保健功能为辅助改善记忆、缓解体力疲劳。适宜人群为需改善记忆者、易疲劳者，不适宜人群为婴幼儿、少年儿童。

某茶味富硒片以荠菜、萝卜叶、山梨糖醇、硬脂酸镁、奶粉、抹茶粉、三氯蔗糖和食用香精为原料，将原料粉碎制粉，配料混合，制粒，烘干，整粒，混合，压片得茶味富硒片。茶味富硒片不仅含有补充人体需要的硒元素，而且具有茶香味美的口感；茶味富硒片的制备方法简单易行，成本低。

2. 茶多酚保健食品

茶多酚（Tea Polyphenols）是从茶叶中提取的一种天然多酚类复合物，是茶叶中30多种多酚类化合物的总称，有很广的药用价值，是茶的主要功能成分。茶多酚按其化学结构可分为4类：黄烷醇类（即儿茶素类，Flavanols）、黄烷酮类（Flavanones）、花色苷类（Glycosidsand their aglycons of plant pigments）和酚酸类（Phenolic acids）。儿茶素类是茶多酚的主要成分之一，占其总重的50%~70%。茶多酚类保健食品主要包括辅助降血脂产品、减肥产品、增强免疫力产品、延缓衰老产品、缓解体力疲劳产品等。

（1）辅助降血脂保健产品

迄今为止，我国已注册的降脂保健茶中总黄酮、茶多酚的使用频率较高，其根本原因在于总黄酮、茶多酚的降脂功能较好。茶多酚可通过调整血液中的甘油三酯、过氧化脂质、低密度脂蛋白胆固醇、高密度脂蛋白胆固醇等指标水平，改善心脑血管系统，达到对心脑血管疾病的预防作用。茶多酚辅助降血脂保健产品剂型丰富，包括软胶囊、硬胶囊、片剂和冲剂等。

一种含茶多酚的减肥降脂片，经过国家药品监督管理局批准的保健食品。主要原料为大黄酸、茶多酚、纤维素。每100克产品中含大黄酸800毫克，茶多酚500毫克。食用方法及食用量为饭后半小时温开水吞服，每日2~3次，每次1~3片。功效为调节血脂、减肥、润肠通便。适宜人群为单纯性肥胖者、血脂偏高者、便秘者。不适宜孕妇服用。

（2）减肥保健产品

茶多酚与儿茶素主要通过以下途径达到减肥目的：通过增强人体肝脏脂肪酸氧化，抑制摄入食物的欲望；通过抑制胃肠道消化酶以及与肠道细胞刷毛缘上特定转运因子形成复合物，抑制胃肠道营养物质的吸收；通过抑制脂肪合成相关酶、调节机体脂肪和能量代谢，增加人体能量消耗；通过与脂类物质结合，减少机体对脂肪的吸收，达到减肥降脂的效果。茶多酚减肥产品的剂型主要有软胶囊、硬胶囊、片剂、茶包等，茶多酚标示量为3%~20%。

某茶多酚降脂保健品主要原料为荷叶提取物、西洋参提取物、茯苓提取物、泽泻提取物、山楂提取物、茶多酚、乳糖、赤藓糖醇、甜菊糖苷。功效成分／标志性成分含量为每100克含总黄酮1.85克、茶多酚5.3克。食用方法及食用量为每日2次，每次1袋，冲服。保健功能为减肥，适宜单纯性肥胖人群食用，不适宜少年儿童、孕妇、乳母食用。

（3）增强免疫力保健产品

免疫系统通过细胞或体液免疫，清除微生物、毒素或其他异物的危害，起到保护机体的作用。茶多酚提高机体免疫力的途径主要包括清除机体内的自由基、诱生多种细胞因子、激活巨噬细胞、自然杀伤细胞（NK细胞）和T、B淋巴细胞，提高机体免疫球蛋白的水平等。茶多酚兼具内源性抗氧化剂和外源性抗氧化剂的双重特点，具有相互协调的综合效果，对免疫功能低下的机体有刺激促进免疫提高作用（如延缓人体胸腺衰退、保护淋巴细胞增殖的活性、刺激抗体活性的变化等），而对正常机体的免疫功能具有一定的调节和保护作用，预防免疫系统的变态反应。

某茶多酚胶囊，主要原料为破壁灵芝孢子粉、红景天提取物、茶多酚、羟丙甲纤维素、硬脂酸镁。功效成分／标志性成分含量，每100克含粗多糖0.6克、红景天苷0.3克、茶多酚10克。推荐剂量，每日3次，每次2粒。保健功能为增强免疫力、缓解体力疲劳，适宜人群为免疫力低下者、易疲劳者。

（4）抗氧化、延缓衰老保健产品

茶多酚能竞争性地与自由基结合，从而预防或减弱自由基对生物体的伤害，进而达到延缓衰老的作用。茶多酚还能结合并降低在 Fenton 和 Haber-Weiss 反应中所必需的 Fe^{2+} 和 Cu^{2+} 等金属离子，从而间接实现抗氧化作用。另外，茶多酚通过调节细胞及机体内多种酶的活性，改变不同基因表达的强弱，影响蛋白质的合成，进而对有机体产生积极的影响。

某专利产品，茶多酚微丸制剂，由茶多酚、药用辅料制备而成，其特征在于药用辅料为赋形剂和黏合剂，其微丸制剂中茶多酚含量为20%~80%，赋形剂含量为15%~79%，黏合剂含量为1%~5%，该微丸制剂可以制备成缓释或肠溶等类型，具有很好的抗衰老等作用。

一种葡茶多酚胶囊主要原料包含茶多酚、葡萄籽提取物、维生素C，功效成分／标志性成分为每100克含茶多酚22.6克、原花青素11.3克、维生素C 8.05克。食用方法及食用量为每日2次，每次3粒。有保健功能，抗氧化，适宜人群为中老年人。

（5）抗辐射产品

各种天然和人为的辐射源，如太阳的可见光、紫外线，外层空间的 X、Y 射线、诊断治疗用放射性物质、手机和部分家用电器高频电磁波等，对人类健康造成各种不良影响，导致人体器官、系统被损害。大量的流行病学和体内外试验研究证实，茶多酚具有抗辐射的药理效应。

茶多酚主要通过清除自由基与调节基因表达及蛋白合成这两大途径来实现抗辐射功能。茶多酚能够通过消除由辐射产生的活性氧簇，进而减少有机体的 DNA 损伤，达到减轻辐射伤害的效果。茶多酚及各儿茶素单体溶液表现出不同的抗辐射效果。茶多酚能够提供质子与辐射产生的自由基结合来消除体内过量的自由基，避免生物大分子的损伤，从而起到保护作用。同时，茶多酚能增强谷胱甘肽过氧化酶、过氧化氢酶、脂还原酶和谷胱甘肽 -s- 转移酶的活性，增强机体自身抗氧化防御系统对由辐射产生的过量自由基的清除能力。

某专利产品，含茶多酚抗贫铀弹、防白血病的保健品。以茶多酚为主要原料，通过复配一种与茶多酚具有协同效应的抗氧化物质，加工得到一种含茶多酚的抗贫铀弹（放射性毒性和重金属化学毒性）、防白血病的保健品，该产品可消除钴 Co-60γ 化学辐射带来的机体伤害，修复造血细胞损伤，具有良好的抗辐射效果。

（6）预防龋齿产品

茶多酚通过抑制致龋菌、变形链球菌及粘性放线菌的生长，抑制糖基转移酶的活性及葡聚糖的合成，达到防龋齿的功效。

专利产品"防治龋齿的茶多酚含片"，原料：茶多酚 1~7 份、木糖醇 25~45 份、甘露醇 20~40 份、β- 环糊精 15~25 份、天然食品添加剂 7~12 份、润滑剂 0.5~2.0 份。制备方法：取 β- 环糊精加水研匀，加入茶多酚后研磨为糊状，低温干燥为包合物。取木糖醇、甘露醇、天然食品添加剂处理为 400~600 目后待用。将上述混合物料一同混合，并置入 95% 酒精制成软材，筛制成颗粒，60℃以下干燥，加入润滑剂并压制为片状。该专利产品解决了现有牙膏、涂敷剂及含漱剂均存在的在口腔中停留时间及作用于牙齿周期短，不利于抑制口腔细菌的问题。

我国从茶叶中提取的茶多酚、儿茶素等80%以上的茶叶功能成分以原料形式出口，用于开发保健食品、功能型饲料、医药等。但茶多酚终端产品的同质化、应用技术研发薄弱问题仍然存在。

目前，茶多酚保健产品研发仍存在一些不足，其在人体的生物利用度偏低，茶多酚多羟基结构影响了化合物在人体中的溶解度、降解率、吸收率和进入血液中的比例，从而影响这些化合物在人体中的生物可利用性。茶多酚的分子修饰、摄入剂型改善是提高其生物利用度的可能途径。

3. 茶中生物碱保健食品

茶叶中的生物碱包括咖啡碱（咖啡因）（Caffeine）、可可碱（Theobromine）和茶碱（Theophylline）。其中以咖啡碱的含量最多，约占干茶的2%~5%，所以茶叶中的生物碱含量常以咖啡碱含量为代表。咖啡碱易溶于水，味苦，是形成茶叶滋味的重要物质。茶叶中的咖啡碱有多种生物功能：强心、利尿、解毒、平喘、防治心力衰竭、促进血液循环、调节体温、提神益思、降血糖、降血脂、降血压、促进胃酸分泌及食物消化、抵抗酒精和烟碱的毒害。现代科学研究认为，咖啡碱与茶多酚对人体的防癌抗癌有协同作用；低剂量摄入咖啡碱有利于人体机能更好发挥，而高剂量时则会对人体产生毒害。咖啡碱作为食品添加剂，主要用于可乐型饮料和含咖啡因的饮料及食品。因此，利用咖啡碱的功能开发新型功能性食品时，需严格控制产品中咖啡碱含量。

目前市场上销售火爆的几款含咖啡因功能的饮料都从国家药品监督管理局获取了保健食品标志认证，这几款产品也属于广义的茶保健食品范畴。另外，国家专利一款提高记忆力咖啡因混合功能食品，含D-丝氨酸和咖啡碱混合物，其功效用于防止因压力导致的学习能力或者记忆力减退，具有提高学习能力或者记忆力效果。

4. 茶氨酸保健食品

茶氨酸（L-Theanine）是茶叶中特有的游离氨基酸，有甜味。除了山茶属植物和一种蘑菇中含有微量的茶氨酸之外，目前并未在其他生物中发现，因此茶氨酸原料较为珍稀。同时，茶氨酸也是茶叶清鲜爽口、生津润喉的主要成分。茶氨酸含量因茶的品种、部位不同而不同。茶氨酸在干茶中占重量的 1%~2%。茶叶中茶氨酸含量与鲜叶嫩度正相关，原料越嫩，成品茶中茶氨酸含量越高。普洱茶贮藏过程中，普洱茶中茶氨酸含量明显降低。茶氨酸具有缓解疲劳、降压安神、提高记忆力、保护神经、抗糖尿病、抗肿瘤等多种保健功效，在保健食品行业具有广阔的市场和开发前景。

（1）松弛神经、安心凝神

咖啡碱在茶叶中的含量（2%~4%）高于咖啡（1%~2%），但是人们在饮茶后感到平静、舒畅，不像喝咖啡那样兴奋。其原因在于，咖啡喊可与多酚物质发生络合，使机体吸收速度放缓；另外，茶氨酸具有很好的镇静作用，因此人们饮茶后会有心情舒畅的感觉。通过测定脑电波的变化可以确认茶氨酸对咖啡因产生的兴奋有拮抗作用：当茶氨酸摄入量达到 1740 毫克 / 千克时，其对咖啡因所引起的神经系统兴奋具有显著的抑制作用。同时，茶氨酸使人镇静安神，还有助于睡眠。另外，茶氨酸的衍生物谷氨酸是大脑的主要神经递质之一，其对血压的调节是通过影响脑和周围神经系统中含儿茶酚胺和含血清素的神经元起作用。在临床试验中，服用茶氨酸 40 分钟后，被试验者脑中出现象征大脑呈放松状态的 α 波，即茶氨酸有助于促进脑 α 波产生，说明茶氨酸能使人放松神经、安神凝志。同时，还发现茶氨酸的镇静作用对容易不安、烦躁的人更有效。现在，茶氨酸对自律神经失调症、失眠症等的预防治疗正在研究中。

（2）降压作用

茶氨酸可能是通过调节脑中神经传达物质的浓度来发挥降血压作用。血压受中枢和末梢神经递质－儿茶酚胺及5-羟色胺分泌量调节。茶氨酸能减少5-羟色胺的在大脑内的合成量，并增加其在大脑中的分解，从而有效减少5-羟色胺含量。试验证明，茶氨酸的摄入会使收缩压、舒张压和平均血压都明显下降，摄入量越大，血压下降越多。给高血压自发症大鼠注射1500毫克/千克或2000毫克/千克茶氨酸会使其血压显著降低，舒张压、收缩压和平均血压都下降，降低程度与剂量有关，但心率没有显著变化；然而，茶氨酸对血压正常的大鼠却没有降压作用。

（3）神经保护作用

茶氨酸对神经具有保护作用，可以保护视网膜神经节细胞、脑神经细胞等。茶氨酸是慢性青光眼的有效神经保护剂，同时还可以有效预防和治疗阿尔茨海默病（老年痴呆）。随着年龄的增长，脑栓塞等脑障碍的发病率也呈上升趋势。由此引起的短暂脑缺血常导致缺血敏感区发生延迟性神经细胞死亡，最终引发阿尔茨海默病。给沙土鼠饲喂茶氨酸，并使其处于3分钟脑缺血状态，之后检测沙土鼠脑神经状况，发现饲喂茶氨酸的土鼠脑中完好的神经细胞数目比未饲喂茶氨酸的多，并且保护效果随茶氨酸用量的增加而提高。茶氨酸能抑制短暂脑缺血引起的神经细胞死亡。兴奋型神经传达物质谷氨酸过多也会引起神经细胞死亡，这通常也是老年痴呆的病因。茶氨酸与谷氨酸结构相近，能竞争细胞中谷氨酸结合部位，从而抑制神经细胞死亡。这些结果显示，茶氨酸可用于脑栓塞、脑出血、脑中风、脑缺血以及老年痴呆等疾病的预防和防治。

（4）抗糖尿病

茶氨酸－锌复合物可以明显降低小鼠血糖和糖化血红蛋白水平。茶氨酸－锌复合物作为锌补充剂在临床上用于预防糖尿病综合征有积极的意义。茶氨酸还有助于保持细胞的代谢平衡，茶氨酸处理使血液总胆固醇、低密度脂蛋白、致动脉粥样硬化指数、甘油三酸酯、脂质过氧化物等指标显著降低，而有益的高密度脂蛋白显著升高。

（5）抗肿瘤

肿瘤是健康一大公敌，喝茶有很好的防癌功效，其中离不开茶氨酸的功劳。茶氨酸天然无毒副作用，可作为增强抗肿瘤药物效果的功能性食品。茶氨酸具有抗癌功效，其抗癌效果有四点：增强其他抗癌药的疗效；降低抗癌药物毒性；抑制癌细胞转移；对部分癌细胞有直接抑制作用。研究表明，茶氨酸作为生物调节剂可以提高药物对原发性肿瘤的活性，茶氨酸与抗肿瘤药物阿霉素同时使用时，可以增强阿霉素的抗肿瘤活性；茶氨酸还可以减轻某些抗癌药物的副作用，如茶氨酸可以降低阿霉素引起的脂质过氧化损伤并降低谷胱甘肽过氧化酶活性，使细胞的谷氨酸和谷胱甘肽保持较高水平，进而减轻阿霉素的毒性；茶氨酸还可以增强抗癌药物抑制癌细胞转移的效果，茶氨酸与阿霉素同时使用，可以抑制小鼠肝癌细胞的转移；同时茶氨酸对多种癌细胞具有抑制浸润的作用，即可以直接抗癌。茶氨酸的抗癌作用机制目前认为有两种：一种是改变抗肿瘤药物在肿瘤细胞的代谢，另一种是改变药物在细胞膜上的转运，从而增加疗效或减低毒性。

（6）保护心脑血管

研究人员通过脑缺血损伤试验，证明茶氨酸对脑缺血损伤具有保护作用，减轻脑缺血造成的自由基代谢失调，并可以抑制反复脑缺血引起的海马体神经元细胞死亡，防止脑缺血导致的空间记忆损害，有助于预防脑血管疾病。因此，茶氨酸对于保护心脑血管具有积极作用。

（7）减轻酒精对肝脏的伤害

过量饮酒导致肝脏自由基大量产生，谷胱甘肽酶活力水平降低，脂质过氧化物浓度提高，进而损伤肝脏。茶氨酸可以使血液酒精浓度明显降低，并使肝脏中的乙醇脱氢酶和醛脱氢酶活性显著升高，说明茶氨酸可以有效减轻酒精引起的肝损伤。

（8）减轻体脂作用

茶氨酸可以有效减少体内脂肪含量，在以不同浓度茶氨酸溶液喂养雌鼠 16 周后，发现当茶氨酸溶液的浓度为 0.04% 时，小鼠体重和体内脂肪组织含量明显降低。在高脂饲料中添加 0.03% 茶氨酸喂养小鼠16 周后，与正常饮食对照组相比，小鼠体重明显下降，小鼠腹腔脂肪减少到对照组的 58%，血清中性脂肪及胆固醇含量比对照组分别减少 32% 和 15%，肝脏胆固醇含量比对照组减少 28%，表明茶氨酸能够有效地减少高脂饮食小鼠体内胆固醇含量。茶氨酸在减肥作用方面具有一定的效果，但机制有待研究。

（9）其他作用

茶氨酸具有免疫作用，其可以在肝脏内分解为乙胺。研究表明，外周免疫细胞接触到乙胺可以促进其分泌抗病毒、病菌、真菌及寄生虫感染的化学物质，从而提高机体免疫能力。24 名女性连续两个月每日服用 200 毫克茶氨酸后发现，茶氨酸可以改善女性经期综合征。

茶氨酸可用于保健食品开发，最早开发和利用茶氨酸的国家是日本，1949 年日本已有茶氨酸制品上市，1969 年日本规定茶氨酸可作为食品添加剂使用。1992 年，日本成功研制出纯度高、价格低的 L- 茶氨酸，并实现量产。1998 年，日本学者带着茶氨酸制剂样品参加了德国举办的保健食品新原料大会，获得"食品科研新产品"大奖，茶氨酸也被誉为"最值得开发的食品新材料"。目前在日本市场上已经有多个品牌的茶氨酸保健食品以及数十家茶氨酸生产厂商。

近几年，英国市场上兴起的"情绪食品"吸引了越来越多人的关注。情绪食品是可以让人体保持良好状态的食品，这些食品多数含有茶氨酸、γ- 氨基丁酸、B 族维生素、Ω-3 脂肪酸和磷脂酰丝氨等成分，可以有效调节人们的情绪。2000 年，美国将茶氨酸归为 GARAS 级食品添加剂，即公认最安全的食品添加剂。美国食品药品监督管理局认为，茶氨酸可以作为食品成分用于果汁、非花草茶、运动饮料、特种瓶装水、口香糖、薄荷糖和巧克力的开发。美国市场如今有茶氨酸制品企业 50 余家，所生产的含有茶氨酸成分的保健食品，具有缓解抑郁、提神醒脑、科学快速提升注意力、保持头脑清醒、减轻焦虑，降低血压和增效抗癌药物等功效。一款添加茶氨酸的膳食补充剂，其他成分包含褪黑素、茶氨酸、额草根提取物、洋甘菊、薰衣草和柠檬香脂，该产品有助眠的功效，并可以改善睡眠质量，缓解更年期综合征的失眠现象。此类日本、德国、加拿大出品的茶氨酸片，都具有帮助睡眠、舒缓压力、抑制焦虑的功效。

我国茶氨酸制品研究开始于 1990 年，2014 年我国才批准茶氨酸为新资源食品原料。某茶氨酸胶囊保健食品，主要原料为蜂胶粉、葡聚糖、茶氨酸、牛初乳冻干粉，功效成分 / 标志性成分含量为每 100 克含茶氨酸 6.9 克、总黄酮 3.03 克。食用方法及食用量为每日早晚各 1 次，每次 3 粒。保健功能为增强免疫力、缓解体力疲劳，适宜免疫力低下者、易疲劳者服用不适宜人群为少年儿童。

据调查，目前我国茶氨酸生产企业有几十家，但多数为中小型企业，生产的茶氨酸除部分用于茶氨酸保健食品外，主要用途为出口。我国保健食品行业需进一步开发茶氨酸功能产品，造福全球消费者。

5. 茶多糖保健食品

茶多糖（Tea Polysaccharide）是从茶叶中提取的一类具有一定生理活性的复合多糖，或称茶叶活性多糖。多糖类物质占茶叶干重的 20%~25%，其中纤维素和半纤维素为水不溶性膳食纤维，淀粉也难溶于水。茶多糖不同于茶叶中的纤维素、半纤维素、淀粉等实质性多糖，它是一种酸性糖蛋白。茶多糖的组成复杂，属于杂多糖复合物，由糖类、蛋白质、果胶和矿质元素等物质组成。其中糖的部分主要有阿拉伯糖、木糖、岩藻糖、葡萄糖、半乳糖等，蛋白部分主要由约 20 种常见的氨基酸组成，矿质元素主要由钙、镁、铁、锰等及少量的微量元素及稀有元素镧、铈、镨、钕、钐、铕等组成。不同茶叶中单糖的组成不一样。茶多糖的性质由其化学组成和结构决定。从茶叶原料老嫩看，老叶含量比嫩叶多；同种茶类级别低、原料老，茶多糖含量相对高。

茶多糖具有多种生物、药理活性和保健功效，如降血糖、抗衰老、增强免疫力、抗血栓、减肥、防辐射、增强心脑血管功能等。茶多糖具有突出的降血糖及防治糖尿病活性，茶叶多糖通过保护胰岛 β 细胞、抑制外源碳水化合物吸收和调控内源因素（糖代谢酶类和胰岛素）3 条路径来实现降血糖功效；茶多糖有很好的抗氧化活性，可显著提高抗氧化指标、降低过氧化指标、提高机体抗氧化活性，具有良好的延缓衰老的作用；茶多糖能够调节免疫与抗肿瘤，通过激活淋巴细胞、巨噬细胞和自然杀伤细胞调节免疫系统；茶多糖具有抗凝血、抗血栓作用，能显著改变人体血浆的凝血活酶时间，还可显著抑制由金黄色葡萄球菌、痤疮丙酸杆菌、幽门螺杆菌等病原菌引起的血液凝集；茶多糖可有效抑制血清中瘦素的表达，减少脂肪酸的吸收，抑制体内脂肪的形成及堆积，促进脂肪降解，起到减肥的效果；另外，茶多糖还对心血管系统有若干药理作用，如降血压、减慢心率、耐缺氧、增加冠状动脉血流量等。

一种以茶多糖为功能成分的保健食品，主要原料为绿茶、茶多糖、玉米须，功效成分/标志性成分含量为每1克中含茶多酚≥15%、儿茶素≥105毫克、茶多糖≥2%。食用方法及食用量为每日3次，每次1袋，用100~300毫升温开水冲泡。保健功效为调节血糖，适宜人群为血糖偏高者；少年儿童、低血糖者不适宜食用。

近年来，随着消费者对饮茶保健作用的认识，茶食品消费群体正不断扩大。同时，含茶食品生产企业逐年增加。但茶食品生产企业在我国发展不平衡，有些地区由于不产茶所以没有茶企。我国目前生产茶食品的企业主要分布在福建沿海等经济较发达地区。我国茶食品深加工技术含量与附加值较低，企业的新产品研制创新性不强，所生产含茶功能成分的新型食品种类单一；市场规模仍较小，产业化程度不高，茶企难以适应产业化经营需求，尚未形成世界著名的茶食品品牌。再者，消费者还没有充分认识茶食品的营养与健康功能；茶食品价格比普通食品略高，有些茶食品的口感不被消费者接受。但不可否认的是，茶加工食品作为新兴的营养与健康的食品种类，发展潜力很大。

茶酒

茶酒是以茶叶为主要原料，经发酵或配制而成的各种饮用酒。茶酒兼具茶与酒的优点，除个别茶酒外，大多数茶酒酒精含量低于 20%，属于低度酒。

"茶酒"一词由来已久，早在上古时期就有关于茶酒的记载，但当时的茶酒是以米酒浸茶，而非真正意义上的酿制茶酒。北宋大学士苏轼提出了以茶酿酒的创想："茶酒采茗酿之，自然发酵蒸馏，其浆无色，茶香自溢"，继苏轼提出以茶酿酒之后，历代不断有人尝试以茶酿酒，但未能实现。20世纪40年代，复旦大学茶叶专修科王泽农教授用发酵法研制和生产过茶酒，但当时由于战乱而未能面世。自20世纪80年代以来，我国研究工作者相继开展研究和试制，茶酒逐渐面世，如西南农业大学（现西南大学）研制的乌龙茶酒，河南信阳酿酒总厂研制生产的信阳毛尖茶酒、湖北省天门市陆羽酒厂研制生产的陆羽茶酒等。日本宇治、中国台湾等地也相继开发了系列乌龙茶酒、红茶酒、绿茶酒、抹茶酒等。

用茶酒强身健体，延年益寿，是中国人经过千百年实践证明的智慧。古有"茶为万病之药""酒为百药之长"和"茶酒治百病"的誉称，茶酒集营养与保健为一体，兼具茶与酒的优势，具有茶香、味纯、爽口和醇厚等特点。且茶酒酒精度数低、老少皆宜。因此，自面世以来，茶酒深受消费者的喜爱。随着人们保健意识的增强和消费观念的转变，茶酒逐渐成为市场的新宠，茶酒产业迅速发展起来。至今，我国已研制出20多个花色品种的茶酒，主要有绿茶酒、红茶酒、花茶酒以及乌龙茶酒等产品，加工技术已日臻完善，茶酒品质不断提高，茶酒消费量日趋增加。

我国是产茶大国，茶叶资源丰富。以茶制酒大多数采用低挡茶叶，不仅充分利用了茶叶资源，还开发了一种发展潜力巨大的保健市场，极大地活跃了产业经济。同时，茶酒工艺技术易于掌握，生产周期短，产品销售快，经济效益显著。因此，茶酒作为一个新兴的产业，发展前景非常广阔，开发和研制具有茶香风味的高级茶酒将对茶叶深加工和酒类新产品开发产生深远的影响。

一、茶酒对人体的保健作用

我国传统医学认为："酒乃水谷之气，辛甘性热，入心肝二经，有活血化瘀、舒筋通络、祛风散寒、消积健胃之功效。""酒为百药之长"是对酒的医药价值的最高评价，并一直沿用在酒内加泡药材的方法，用以防病、治病。

茶酒加工的主要原料是茶叶，在加工过程中，茶叶中的大部分营养物质和功效成分溶于酒中；因此，茶酒是既具有茶叶和酒的风味，又含有茶叶的活性成分和保健功效的一种集营养、健康功能于一体的保健酒。

茶酒的营养作用：茶叶富含氨基酸、维生素、矿质元素等多种营养成分，以及大量有利于改善人体新陈代谢和增强免疫力的营养物质，在制备茶酒时，这些营养成分大多溶于酒中。因此，茶酒有利于增加营养、提高体质、增进健康。茶酒的保健作用：茶叶中含有大量的茶多酚、咖啡碱、茶多糖、茶氨酸等活性成分，具有抗氧化、抗衰老、抗癌、抗辐射、降血糖、降血脂、促兴奋、助消化、强心利尿、防治心脑血管疾病等多种功效。制酒时这些成分溶入酒体中，成为茶酒的重要活性成分。因此，适量饮用茶酒，可起到提神健胃、醒脑、消除疲劳、增进食欲、预防心脑血管疾病等多种保健作用。

二、茶酒生产主要原材料

1. 茶叶

常用的有绿茶、红茶、花茶以及乌龙茶。用于加工茶酒的茶叶一般以3~4级为主。同时，茶叶应为当年的新茶，品质未劣变、无异味、无污染、无夹杂物，重金属及农药残留量符合卫生要求等。茶叶在茶酒中的应用多以茶汁的形式加入，可采用茶叶直接浸提或用速溶茶粉直接冲溶。

2. 茶酒用水

水是茶酒的重要原料之一，又是重要溶剂，茶酒品质好坏与水质密切相关。茶酒生产用水要经严格处理。常用水处理方法包括混凝、沉淀、过滤、硬水软化和消毒。

3. 酒精

茶酒生产所需酒精要用食用酒精。茶酒生产所需食用酒精除质量标准应达到国家二级酒精质量标准外，使用前还应进行脱臭除杂处理。常用脱臭除杂的方法有氧化、吸附等。

4. 甜味剂

为增加茶酒产品综合口感，有时会食用甜味剂。常用的甜味剂有蔗糖、果葡糖浆等。低热能的糖醇类甜味剂（麦芽糖醇、山梨糖醇）、甜叶菊苷等也逐渐用于茶酒生产，尤其是配制型、汽酒型茶酒的生产。

5. 其他

酸味剂能赋予茶酒产品爽口的酸味，并能通过螯合金属离子而发挥抗氧化作用，延缓茶酒氧化变色，同时具有防腐的作用。常用的酸味剂有柠檬酸、苹果酸、酒石酸等。赋香剂通常为食用香精，在不改变茶酒本身特有香型的基础上，选择性地少量加入，可以改善茶酒的口感和风味。为延长茶酒产品的货架期，茶酒中一般也会加入少量防腐剂，常用的防腐剂有苯甲酸钠、山梨酸钾。此外，茶酒中通常还会添加维生素、氨基酸等营养强化剂，以提高产品的综合品质。

三、茶酒的分类及生产工艺

1. 汽酒型茶酒

茶汽酒是仿照传统香槟酒的风味和特点，以茶叶提取液为主体，添加其他辅料，用人工方法充入二氧化碳而制成的一种低酒精度碳酸饮料。酒精含量一般为 4%~8%，如浙江健尔茗茶汽酒、安徽茶汽酒和四川茶露等。主要特点：具有茶叶的天然风味；泡沫丰富，刹口感强，酸甜适宜，鲜爽可口；兼具茶与酒的特色；内含丰富的氨基酸、维生素和矿物质等多种营养成分，且含有适量的茶多酚、咖啡碱等功效成分，是一种营养保健佳品。

（1）汽酒型茶酒原料及工艺流程（图4）

原料：茶叶、砂糖、甜味剂、酸味剂、酒基等。

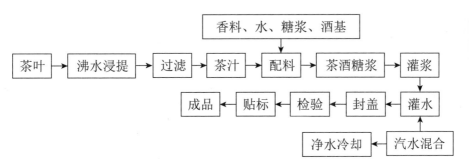

图4　汽酒型茶酒生产工艺流程

（2）汽酒型茶酒技术要点

生产用具及设备处理：清洁卫生是生产茶酒的重要条件。凡供生产的用具、设备都必须进行严格清洗、消毒，符合卫生规定的标准。茶酒用水：茶汽酒生产用水要经严格处理。茶汁的制备：可用茶叶浸提获得或用速溶茶粉、浓缩茶配制。茶糖浆制备：按比例加水入锅，煮沸后加入砂糖，待其溶化后，加入酸味剂，继续加热至糖液沸腾，煮沸10分钟后，得黄色透明糖浆，出锅、冷却；将冷却后的糖浆与茶汁、酒基混合，再次过滤后，即为茶汽酒的基本原料。碳酸水：处理后的水先经冷冻机降温到3~5℃（称为冷冻水），再把冷冻水经汽水混合机混合，在一定压力下形成雾状，与二氧化碳混合形成理想的碳酸水，输送到灌瓶机中待用。灌浆灌水：将含有茶汁及酒的糖浆输送到灌浆机中定量灌浆，再将碳酸水注入茶汽酒糖浆瓶内，立即封口压盖。

（3）汽酒型茶酒产品实例

红茶汽酒：原料为红茶2.5克、蔗糖30克、食用酒精15毫升、净化水500毫升、抗坏血酸0.01克、柠檬酸2克、CO_2。制法为红茶经沸水浸提后，过滤得茶汁。蔗糖加热溶解，过滤。其他辅料溶解，过滤。茶汁、糖浆、辅料液与脱臭食用酒精充分搅拌均匀后冷却。冷却液冲入 CO_2 后立即灌装、密封后即得成品。

绿茶汽酒：原料配比为绿茶 2.5 克、蔗糖 28 克、食用酒精 12 毫升、抗坏血酸 0.008 克、柠檬酸 4 克、食用小苏打 4 克、绿茶香精微量、净化水 500 毫升。制法为绿茶经沸水浸提后，过滤得茶汁。蔗糖加热溶解，过滤；其他辅料溶解，过滤。茶汁、糖浆、辅料液与脱臭食用酒精充分搅拌均匀后冷却。上述料液罐装后，加入食用小苏打并立即密封即得成品。

2. 配制型茶酒

模拟果酒的营养、风味和特点，采用浸提勾兑的方法，将茶叶用浸提液浸泡、过滤得到茶汁，与固态发酵酒基或食用酒精、蔗糖、着色剂、香精、酸味剂等食品添加剂按一定比例和顺序进行调配而成，如四川茶酒、庐山云雾茶酒和安徽黄山茶酒等。特点：能保持茶叶固有的色香味，色泽鲜艳，酒体清亮。优点：生产简单，成本低廉，能较多地保持茶叶中的各种营养和保健成分。类型主要有绿茶酒、红茶酒、乌龙茶酒、普洱茶酒等。

（1）原料与工艺流程

茶配制酒的原料与茶汽酒基本类似，工艺流程如图 5 所示。

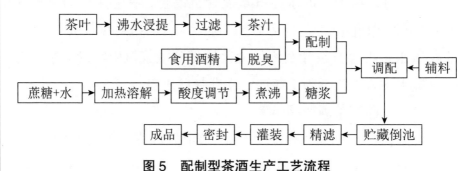

图 5　配制型茶酒生产工艺流程

（2）技术要点

茶汁的制备与茶叶汽酒所需茶汁的制备方法类似，也可以将茶叶用食用酒精、白酒等浸泡提取获得浓茶汁后进行勾兑。糖浆的制备，配制茶酒一般应先将糖熬成糖浆。食用酒精在使用前一定要经过严格的脱臭除杂处理，以减少酒精的辛辣味及配制后沉淀的出现。茶酒配制，根据配方准确称量各种原料。先将茶汁与脱臭处理后的酒精配成一定酒精含量的茶汁，再按比例加入糖浆，充分混匀后，依次加入防腐剂、抗氧化剂以及其他辅料，混合均匀。贮藏倒池，新配制的茶酒口感不柔和，色泽不稳定，需经一段时间的物理和化学反应。在贮藏期茶酒所含蛋白质与茶多酚会发生络合反应形成聚合物，这些聚合物和其他杂质一起下沉成为酒脚，使茶酒澄清，一般需经 30 天左右的沉淀净化过程。过滤装瓶，经过贮藏倒池后的茶酒，装瓶前还必须经过过滤，以保证茶酒的澄清透明。茶酒装瓶后，压盖、包装即可出售。

（3）感官品质指标

色泽：红茶酒呈红褐色，明亮；绿茶酒呈黄绿色，明亮。香气：红茶酒有红茶特有的茶香；绿茶酒有绿茶特有的清香。滋味：茶味、酒味兼具，中高度茶酒以酒味为主，茶味为辅；低度茶酒以茶味为主，酒味为辅。

（4）影响茶配制酒品质的因素

茶汁的质量是影响茶配制酒品质的关键因素。茶汁的用量中茶汁的比例越高，茶酒越容易浑浊。配制好的茶酒要利用硅胶、壳聚糖等对茶酒混合液进行澄清处理。用水质量最好为纯净水，能最大限度减少沉淀，增加产品稳定性。贮藏环境条件应为相对无氧的环境条件，可有效防止茶酒中茶多酚类物质的氧化，尤其是绿茶酒。避光、低温的贮藏条件有利于茶酒色泽的稳定。添加维生素 C 等方法可提高产品稳定性。

（5）绿茶配制酒制作实例（图6）

原料及工艺流程：绿茶、60°优质口子酒、纯净水、蔗糖、食用柠檬酸、食用维生素 C 等。

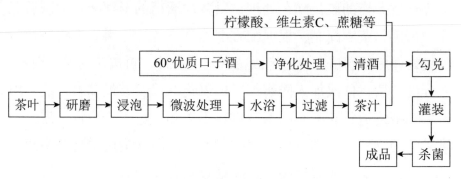

图6　绿茶配制酒产品生产工艺流程

技术要点：原料选择品质较好，色泽较鲜，价格适宜的中档绿茶。茶叶粉碎至平均粒径 0.25 毫米为宜。采用微波结合水浴的方法浸提，用 400 目的滤布过滤。60°优质口子酒勾兑前先经净化处理成清酒，再与过滤后的茶汁混合，用纯净水降度至酒度 22度。将调配后的茶酒 60℃杀菌 20 分钟。

感官指标：色泽清亮透明，淡绿色，无明显悬浮物和沉淀物。香气具有绿茶和酒的复合香气。口感柔和，爽口，协调。风格具有本品特殊风格。

3. 发酵型茶酒

发酵型茶酒是以茶叶为主料，人工添加酵母、糖类物质，在一定条件下发酵，最后调配而成。发酵型茶酒较配制酒风味好、口感好，但颜色不及配制酒鲜艳。发酵型茶酒内含多种氨基酸、维生素和矿质元素等营养成分，并保留了茶多酚、咖啡碱和茶多糖等功效成分，是一种集营养、保健为一体的高级饮品。

（1）原料及工艺流程

发酵型茶酒的原料主要有茶叶、蔗糖、酵母、水等（图7）。

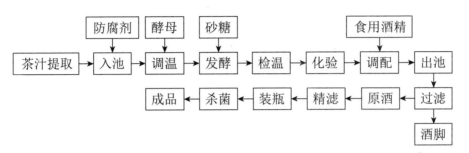

图7 发酵型茶酒产品生产工艺流程

（2）技术要点

茶汁萃取，茶叶粉碎后，用90~95℃的沸水反复提取至汤色浅淡，或采用速溶茶或浓缩茶稀释成茶汁备用。茶汁入池，发酵池洗净、用75%酒精消毒后，按发酵容量的4/5加入茶汁。调温，一般刚入池的茶汁发酵液，温度应控制在25~28℃，使酵母菌大量繁殖；待发酵正常后，温度开始上升，将发酵液温度调到20~25℃，进行低温闭密发酵。夏、秋季高温时，要利用发酵池的冷却管通入冰水或冷盐水降温；冬季则要通入热气，使温度保持在20℃左右。酵母活化，茶酒发酵一般使用酿酒活性干酵母。接种前，酵母需要活化。酵母的接种，向已调节好温度的发酵液中接种活化的酵母液，按1:30或5%~10%的比例接种。发酵，为提高发酵液的酒精生成量，发酵中需加入糖。加糖量以发酵液的含糖量达20%~24%为宜。糖通常在发酵中分批加入，且切忌直接加入，需用发酵液溶化后加入。发酵过程中应不断搅拌发酵液，避免酵母菌沉积在发酵液的底部，从而提高发酵的效率。随着发酵进行，发酵液中酒精度逐渐增加，糖度逐渐降低。待发酵进行7天左右，测定发酵液中酒精度>9%且不再升高，其残糖量<1%时，即可停止发酵。发酵温度控制，发酵期间的品温和室温一般有变化：刚入池的发酵液品温比室温低1~2℃，发酵旺盛时高于室温1~2℃，发酵结束则品温和室温基本相等。因此，要及时测温、调温。化验，茶酒在发酵过程中，其发酵液将会发生各种生物、物理、化学变化，并表现出各种特征。根据这些特征可以判断发酵是否正常和进展情况，以保证发酵的顺利进行。酒度调整，一般发酵液中残糖量降到1%左右时，发酵开始衰退，要加入脱臭后的食用酒精调整发酵液的酒度。酒度调整要及时。出池，经化验和审评后，品质指标符合要求即可出池。出池时，先打开输酒阀门放出上部的澄清液，转入已杀菌消毒处理后的池（桶）中，再除酒脚。装瓶杀菌，茶酒在装瓶前，要采用超滤、膜过滤等方式进行一次精滤，使茶酒清澈透明。装瓶后茶酒要进行杀菌，将瓶用封口机密封后，在60~70℃杀菌10~15分钟即可；也可以采取先杀菌后装瓶的方式进行，将茶酒通入杀菌器，于90℃快速杀菌1分钟，立即装瓶封口。

（3）品质指标

感官指标：色泽具有原茶汁的色泽；香气有该酒固有的茶香；滋味甜而有茶味，有酒精的刺舌感及其味。

理化指标：酒精含量10~12毫升/100毫升（以容量计）；总酸含量0.5/100毫升（以酒石酸计）；残糖含量1克/100毫升左右（以葡萄糖计）。

（4）发酵型茶酒产品实例

①乌龙茶酒

原料及工艺流程：中档乌龙茶、一级白砂糖、52°酒、酵母菌、乳酸、优质地下水等。

技术要点：酿酒酵母菌的驯化，驯化酵母是茶酒发酵中的重要一环，经过驯养的酵母发酵力强、酒精产量较高、发酵时间短。驯化前，酵母菌要先活化。驯化方法为乌龙茶汁置于三角瓶中，煮沸，无菌棉塞口，自然冷却；配制含糖 150~180 克 / 升的马铃薯蔗糖培养基；配制系列含乌龙茶汁的马铃薯蔗糖培养基；培养基杀菌后，依次向茶汁浓度增加的培养基中接种欲驯化的酵母；若酵母菌繁殖良好，证明酵母菌能适应乌龙茶汁的环境生长，完成驯化。向发酵容量中加入 4/5 的茶汁，按乌龙茶汁与蔗糖 50：8 的比例添加蔗糖（用发酵液溶解后再加入），搅拌均匀。用乳酸调整发酵液 PH 值 4.0 后加入已驯化的酵母菌液，接种量 3%，于 22℃下发酵 8 天，每隔 1 天测定一次酒精含量。茶酒在发酵过程中要取样化验，以检测其发酵是否正常。将发酵完的乌龙茶酒过滤，即得发酵好的乌龙茶原酒。均衡调配，为保证产品质量，提高产品档次，需要对乌龙茶原酒进行酒精度和酸度的调配。用乳酸调整茶酒的酸度，用 52° 酒将酒精度调整到约为 8°。澄清处理，调配后的茶酒还需进行澄清处理，以提高茶酒品质。装瓶杀菌，将经过澄清处理的茶酒过滤后装入瓶内，封口后，85℃杀菌15 分钟即可。

产品特点：产品兼具茶与酒的特点，色泽橙黄透明、酒味甘润适口、酒体丰满醇和，后香显著，是一种色、香、味俱佳的饮品，男女老少均宜，适用范围广。

②绿茶酒

原料及工艺流程：绿茶（3~4 级）、一级白砂糖、食用酒、酿酒活性干酵母、柠檬酸、乳酸，软化自来水等。

技术要点：冷水预处理，以 1：10 的比例用冷水浸泡茶叶

20~30分钟，除去茶叶中部分涩味物质及其他杂质和异杂味，使茶汁更清爽；过滤茶汁，取茶渣备用。茶叶浸提，按1:70的茶水比，用90℃热水恒温浸提经过冷水预处理的茶叶20~25分钟，200目滤布过滤，取茶汁备用。调糖度、灭菌，过滤后的茶汁中加入蔗糖，使茶汁的含糖量控制在12%左右。茶汁加入蔗糖后搅拌，使蔗糖充分溶解，然后把茶汁放入高压灭菌锅中121℃灭菌15分钟，冷却备用。酵母的接种，以1:30的比例向灭菌后的茶汁中加入活化后的酵母液。接种后的茶汁放入恒温箱培养。第1天温度控制为32~34℃，待酵母菌大量繁殖后将温度控制为25~30℃。在酒精发酵过程中定期测量酒精度以及糖度。调味、灭菌、储存，将发酵完成的发酵液分别用白砂糖、冰糖、蜂蜜调整糖度，将糖度控制为3克/100毫升~5克/100毫升，有微甜感即可。根据口感的需要，将3种甜味剂制备的茶酒按一定的比例混合即可。调味后的茶酒经沸水浴10~15分钟灭菌，待茶酒冷却至室温后入4℃冷藏2天，经膜过滤器过滤后即可装瓶、封口。

产品特点：该酒呈亮黄褐色，色泽晶莹透亮，酒体澄清透明，总体酒质良好，具有茶和酒融合后的香气，口感柔和协调且具有一定的保健功能。

4.其他茶酒

（1）蔗汁茶酒

甘蔗是我国传统的制糖原料，除蔗糖外，还含有丰富的氨基酸、维生素、有机酸、钙、铁等营养物质，具有清热润燥、生津止渴、消积下气等功能。利用甘蔗和绿茶混合发酵研制蔗汁保健茶酒，不仅产品营养丰富，且该茶酒既有酒的固有风格，也有蔗汁和茶的清香，色泽浅黄透明，口感清爽醇和。

原辅料及工艺流程：甘蔗、中档绿茶、葡萄酒活性干酵母、去离子水、一级蔗糖、柠檬酸等。

技术要点：将新鲜甘蔗清洗干净，沥干后去皮榨汁，过滤。发酵液配制，将甘蔗清汁和茶汁按 1∶2 比例混合，添加蔗糖调整糖度为 20° Bx，用柠檬酸调整 pH 值为 3.7，用偏重亚硫酸钾调整发酵液有效二氧化硫含量为 60 毫克 / 升，以抑制发酵过程中杂菌的污染。蔗糖、柠檬酸、偏重亚硫酸钾均预先用少量混合汁溶解后再加入。主发酵，将葡萄酒活性干酵母活化，静置 5~10 分钟后，搅拌。将发酵液移入发酵罐中，将活化酵母接入发酵液中，接种量为发酵液的 4%；将发酵罐以水密封，于 19℃进行密闭发酵。待液面平静不再产气，结束主发酵。后发酵，将分离后的原酒于10~12℃密封陈酿 1~2 个月，利于酒的澄清和风味改善。澄清，采用中空纤维超滤膜澄清酒液，除去残存的酵母菌、杂菌及胶体物质。杀菌，63℃、20 分钟杀菌。

产品特点：蔗汁茶酒营养丰富，色泽浅棕黄，酒体澄清透明；有甘蔗汁和茶叶的清香，酒香浓郁，香气怡人；酒体清新，酸甜适中，入口绵延，具有本品独特的风格。

（2）番石榴汁茶酒

原料及工艺流程：正山小种红茶、番石榴、葡萄酒·果酒专用酵母 RW、矿泉水等。

技术要点：茶汤制备，按 1∶110 茶水比，采用超声波辅助提取，270 目筛过滤，滤液冷却后待用。番石榴汁制备，将新鲜番石榴洗净、去蒂、切块、榨汁备用。发酵液的配制：将茶汤与番石榴汁按 2∶1 比例配比，调整可溶性固形物含量为 20° Bx，放凉备用。酵母活化，将酵母以 1∶20 的比例加入升温至 38℃的番石榴果汁中进行活化，搅拌溶解后，静置 30 分钟，冷却至28~30℃即可使用。接种，向待发酵液中加入活化酵母液，接种量为发酵液的 7%。主发酵，接种后发酵液恒温发酵 12 天，期间定时排气，发酵至产气基本停止为止。陈酿，（后发酵）主发酵结束后过滤，陈酿 1 个月左右。澄清，加入 0.2 克/升的明胶进行澄清。成品，将酒液灌装于玻璃瓶中，巴氏杀菌后即得成品。

产品特点：该茶酒营养丰富，呈浅棕红色，酒体透明发亮，口感醇厚，兼有茶香、酒香和番石榴果香的独特风格。

（3）红茶红枣复合茶酒

原料：祁门红茶、红枣干枣、白砂糖、柠檬酸、二氧化硫（食用级）、酵母（安琪牌高活性葡萄酒干酵母）、硅藻土、果胶酶等。

技术要点：红枣汁的制备，选取色泽鲜红，丰满完整的干燥红枣，去核洗净，沥干水分。称取 100 克洗干净红枣放入不锈钢锅中，加入 1000 毫升水，冷水浸泡 24 小时，再中温加热 15 分钟，取出后冷却至室温；将枣肉及水倒入打浆机中打浆，将枣匀浆转入烧杯中，放入 50℃的恒温水浴锅中，加入 0.02% 果胶酶恒温水浴浸提 2 小时，纱布粗过滤，得红枣原汁。红枣红茶混合汁的成分调整，将红茶浸提液与红枣汁以 3∶2 的比例混合，添加 5.5克/升柠檬酸，按酵母菌产生酒精 1%vol 需要 17 克/升糖的比例加入适量白砂糖。白砂糖、柠檬酸先用茶汁溶解、过滤后加入。主发酵，酵母活化按 0.5 克/升比例将干酵母加入 2% 蔗糖水溶液中，25℃恒温水浴 30 分钟，前 20 分钟不停搅拌，然后静置 10 分钟。将活化后酵母液倒入准备好的已调整好成分的红茶红枣混合汁中，在红茶红枣混合汁中加入 30 毫克/升的二氧化硫。将接种后红茶红枣混合汁于 25℃恒温发酵 8~15 天，每天测定发酵液的酒精度、糖度，以有效控制红茶红枣酒的发酵过程。倒桶（或倒罐），主发酵完成后应将红茶红枣酒进行倒桶。将上清液采用虹吸法移入到另一发酵容器中，将容器注满，密闭容器，尽量减少酒与空气的接触，防止复合酒的氧化。陈酿，去酒脚后的发酵原酒进入陈酿期（后发酵期），一般陈酿 3 个月以上。陈酿期容器要密闭，控制酒温为 18~21℃，根据酒中二氧化硫含量，适时补加适量二氧化硫。澄清，用明胶与硅藻土两种澄清剂来进行澄清处理。先用明胶进行下胶试验，除去酒液中大部分悬浮物和少量杂质，再用硅藻土过滤 2~3 次（每隔 15 天过滤 1 次）。过滤灌装，经澄清处理后的酒液经膜过滤后灌装于瓶中，巴氏杀菌后即得成品。

产品特点：该酒体澄清透明，呈明亮橙黄色，具有纯正、优雅、和谐的红茶红枣复合香味，口感柔和醇厚、回味绵长，风格独特。

（4）醉观音

醉观音属于泡制茶酒，用料有安溪铁观音、窖藏白酒、冰糖、红枣、桂圆肉等，泡制时间为三个月。醉观音色泽红亮，香气浓郁，滋味醇厚，更难能可贵的是其酒耐贮藏，贮藏一年而色、香、味、韵犹存，且有一股特殊的观音韵味，饮后久久不能忘怀，实为酒中珍品。醉观音有活血化瘀、健脾养胃、延年益寿之功效，每晚临睡前小饮一小盅，功效更佳。

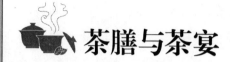 茶膳与茶宴

一、茶膳

茶膳指将茶鲜叶或成品茶作为烹饪原料，制成的膳食、菜肴等食品，与茶菜含义相近。其历史悠久，在现代也不断推陈出新，因其营养丰富、滋味独特，深受百姓尤其是茶区旅游者的青睐。

1. 茶膳历史悠久

茶之为食入馔由来已久，最早的茶是从吃开始的。茶可以在烹饪中作为主料、配料或调料用来佐菜，制作成为风味独特、营养丰富的茶菜、茶点等。早在春秋时代的典籍中，就有记载，《晏子春秋》云："婴相齐景公时，食脱粟之饭，炙三弋，五卵，茗菜而已。"尽管这里的"茗菜"不能断定一定是用茶叶和蔬菜烹而为馔肴的，但至少可以说明，茶与菜肴的关系是非常密切的，或烹茗入菜肴而食，也当是情理之中的事情。在历史典籍中就明确地说："茶可食，去苦味二三次淘净油盐酱醋烹食。"如果把茶浸泡后去净了苦味再用于制作菜肴，其实也就失去了茶的清香特色。但茶可烹为菜肴而且广为流行，却是不争的事实。因此，先秦时

期的"茗菜"，大抵就是后世"龙井虾仁""茶叶蛋""樟茶鸭"之类茶菜肴之滥觞。

在唐代陆羽的《茶经》中也有吃茶的记载，云"宋释法瑶，姓杨氏，河东人，永嘉中过江遇沈台真，请真君武康小山寺，年垂悬车，饭所饮茶，永明中，敕吴兴，礼至上京，年七十九"，说明吃茶可以延年益寿。据唐《茶赋》载，茶具有"滋饭蔬之精素，攻肉食之膻腻"之功效，可见，古人常有用茶水来拌饭的饮食经验。

据清人徐轲的《清稗类钞》记载说："湘人于茶，不惟饮其汁，辄并茶叶咀嚼之，人家有客至，必烹茶，若就茶壶斟之，以奉客为不敬。客去，启茶碗之盖，中无所有，盖茶已入腹矣。"清代《调鼎集》中有"文蛋"之制，云"生蛋入水一二滚取出，击碎壳，用武夷茶，少加盐煨一夜，内白皆变绿色，咀少汁，口能生津。"显然，文蛋的制作与现今的"茶叶蛋"有相似的地方，但更具特殊的风味。试想蛋白变成翠绿色的文蛋小吃，不仅秀色可餐，而且散发着浓郁的茶之芬芳，其美不可胜言。在清代的《调鼎集》中有"炸茶叶"的菜式，其加工方法是："取上号新茶叶拌米粉洋糖，油炸"。清代才子纪晓岚更是每天将茶当作蔬菜食用。这样吃着喝着，就有厨子想到要将茶叶做入菜中。相传，清末安徽的厨师就已在用"雀舌""鹰爪"等茶叶去炒河虾仁了。美食家高阳在《古今食事》里也曾提及，"翁同创制了一道龙井虾仁，即西湖龙井茶叶炒虾仁，真堪与蓬房鱼匹配。"由此，清朝时期，龙井已经入了菜。

茶不仅可烹而为菜肴，也可以与米、面之类合烹制成面食、点心、粥品。据《晋书》转引《膳夫经手录》说，"近晋宋以降，吴人采其叶煮，是为茗粥。"在《救荒本草》中也有类似的记载，

"救饥，将茶叶嫩叶或冬生叶可煮粥食。"茶叶与米、面等合而制成的面食品种不仅品类众多，而且风味别具一格。《调鼎集》中的"芝麻茶"："先取芝麻去皮炒香磨碎先去一酒杯下碗，入盐水少许，用筷子顺打，至稠硬不开，再下盐水顺打，至稀稍约有半碗多，然后用红茶熬酽，俟略温，调入半碗，可作四碗用。又，用牛乳隔水炖二三滚取起，晾冷，结皮揭尽，配碗和芝麻茶用"。这种茶羹的风味之美不言而喻，只是今人少见制作，尚若有的酒店将此品大量制作，于宴饮之间奉献给客人，肯定会大加赞赏的，或许可能成为时尚的保健食品也未可知。明人宋诩在《宋氏养生部》一书中有"香茶饼"，颇有特色："孩儿茶、芽茶、白檀香、白豆蔻仁、缩砂仁、沉香、片脑、麝香，俱为细粉煎甘草骨，同白糯米细粉为糊，溲匀，银范为小饼，晒干常禽化，清心化气"。此小饼是作为零食食用的药膳食品，不仅味美香甘，而且更具有良好的食疗保健效果。至于"茶麻饼""茶肠"等记载于其他资料中的茶膳制品更是不胜枚举。

茶之为食不仅由来已久，而且颇具古代遗风之承，实际上，即便是在今天，湘赣等地民间仍有吃"茶根"的习俗。茶作为可食用原料，用于烹饪美味佳肴，其历史的脉络也非常久远。进入近现代以来，茶膳尤其得到飞速发展，各色以茶为原料加工而成的菜肴、面点等纷纷摆上了宴席的餐桌，并且得到了食客的青睐。其中以杭菜之"龙井虾仁"与川菜之"樟茶鸭"最具号召力，成为茶菜肴的代表之作，并以其特有的风味特色而蜚声国内外。

据悉，"龙井虾仁"乃杭州灵隐寺的僧侣所创制，距今已有近百年的历史，而且长盛不衰，被美食家评价为"虾仁白玉鲜嫩茶芽碧绿清香"。"樟茶鸭"也有着辉煌的历史。相传成都人黄晋临，在清宫御膳房为慈禧当差时将熏鸭用料，改为樟树叶和茶叶，熏制出的鸭子，味道极为鲜美，深受慈禧欣赏。此菜皮酥肉嫩，色泽红润，味道鲜美，具有特殊的樟、茶香味。如今菜声传海内外，成为川菜宴席之名菜之一。由此可见，以茶人撰制成的菜肴、面点、粥品之类，在我国不仅有着较为久远的发展历史，而且还相当地普及流行，甚至有许多菜式成为某一菜系的代表作品。茶膳在我国，已经成为中国烹饪不可或缺的重要组成部分之一。

2. 茶叶在烹饪中的作用

用茶叶制菜是江南菜品的特色之一，茶叶烧鱼可以去腥解腻，煮牛肉可速烂增香，炒虾仁可悦色爽滑。运用茶叶与各种食品原料进行巧妙的配合，可以制成风味各异的菜肴，近几年来，把茶叶掺和到米面中制成的主食也越来越多。

营养专家认为，用茶水煮饭有助于人体的消化吸收。其原因在于茶叶当中含有大量的多酚类物质。多酚类物质进入人体后能够促进消化液的分泌，对于人体的肠胃消化功能是很有好处的。除此之外，在煮粥及制作汤羹时，加入一定比例的茶叶，也有奇妙的效果，如在做鸡汤时，放入一小撮用纱布包扎的茶叶，或者待鸡汤做好后兑入大半杯浓茶汁，会显著提升鸡汤的香气。茶肴、茶点之美皆在于茶叶在烹饪中所发挥出的作用，简单说来大致有以下几个方面。

首先是增进美味，分解异味。绿茶之苦中略带甘味，红茶的醇香质朴与不同的食料配伍得当，就会使菜肴的味道得到改善与提升，增加菜肴的味感之美。同时，茶叶中的苦味成分，可以除去或分解原料中的腥、臊、膻等不良味道，从而使菜肴味之美得到提升。

其次是增加香气。无论什么种类的茶都具有茶叶所特有的浓郁香气，这种清香的气味，一方面可以化解其他原料中的邪异气味，一方面又能使用原料，特别是不具有香气特点的水产品原料增进一定的香味，使菜肴具有飘香之美。

再次是具有一定的增色效果。无论是茶叶本身还是茶汤的色泽，用于烹制菜肴、面点，都可以改变或增加其美好的色彩之美。运用茶叶的自然形态、质感及营养保健效果，也是全面提升茶膳美感。

3. 茶膳保健养益功效卓著

改革开放以来，国人的饮食生活水平得到了很大的提高，吃惯了大鱼大肉的人们，对饮食要求也越来越高，不仅口感要好，健康和养生也是必不可少的因素，而茶作为一种传统的保健饮料，更为现代人所推崇。那么，茶除了可以饮用之外，以茶为食料制作的茶菜、茶点、茶粥等各种茶食，同样具有保健与养益功效。尤其为人们所青睐的是，茶膳除了茶本身的优点之外，与合理的各种食品原料进行搭配而制成的菜馔，其食疗、养生与保健功效更胜一筹。茶膳可以全面发挥茶叶中的营养功效。茶叶中的营养成分主要是蛋白质、氨基酸、糖类、维生素与矿物质。

首先，干制茶叶中 15%~30% 的蛋白质多处于不溶状态，难以被机体吸收。但把茶叶与其他食料混合烹制成为各色菜肴、面点等食品，就可以使难溶于水的部分蛋白质被机体吸收利用，从而大大提高茶叶中营养成分的利用率，提升茶叶的营养价值。

其次，茶叶中 30% 左右的糖类，即碳水化合物，相对于植物叶子来说含量也是相当丰富的。然而由于茶叶由鲜叶到干茶的加工过程使大部分碳水化合物被硬化，而在正常冲泡的情况下能够溶解于水的不过七分之一左右，即大量的碳水化合物在饮茶中没有得到利用。而把茶叶制成茶膳，茶叶中的碳水化合物即可得到充分利用。

最后，茶叶中有许多难溶解于水的油性成分，主要有磷脂、硫脂、糖脂、甘油三酸酯等，特别是脂肪酸中的亚油酸和亚麻酸，是人体必需的，对人体具有很大的益处。但在冲泡的茶水中，这些脂类物质几乎不能溶解于水。尽管脂类物质在茶叶中所占的比例不过 2%~3%，但其意义非常重要。如果以茶入菜入点，就可以使许多不能溶于水的营养物质在菜肴、面点中充分与之融合，人们在进餐时就可以把难溶解于水的营养成分以及茶中有益于人体的功能成分一起吃下，使茶中的营养物质得到充分全面的运用。因此，茶膳在某种意义上有益于茶叶营养成分的充分利用和保健功能的全面提升。

无论是传统的中医理论，还是现代医药科学的研究成果，都证明了茶叶对人体的养益保健功能与疗疾治病作用。但单独以茶叶用水冲泡为饮，长期饮用也可以起到较好的保健功效，但毕竟由于茶中的大量营养物质不能溶解于水，所以不能使茶叶的养益保健功能发挥最大作用。但如果把茶叶当作食品原料制成茶膳，不仅美味，而且能使茶叶的营养价值得到全面的利用。

茶膳具有良好的延年益寿效果。现代医学科学研究成果表明，延长人类寿命的关键在于延缓人体衰老的过程，而影响衰老的主要因素之一在于人体中脂质的过氧化过程。在人体新陈代谢的过程中，会产生大量自由基，容易老化也会使细胞受伤。因此，服用具有抗氧化作用的化合物，如维生素 C 和维生素 E 等就可以起到延缓脂质氧化过程、增强人体抵抗能力、延缓衰老的作用。现代研究表明，茶叶中的儿茶素类化合物具有明显的抗氧化活性，而且活性强度超过维生素 C 和维生素 E。据报道，将茶与含有丰富维生素 C 或维生素 E 的食物混合食用，具有明显的增效作用，即茶膳的组合可以提高茶中儿茶素类化合物和维生素 C 或维生素 E 的抗氧化活性，能有效清除过剩自由基，阻止自由基对人体的损伤，从而就能起到延缓人体衰老、延年益寿的理想效果。

茶膳有助于改善消化不良的症状。近年的研究报告显示，绿茶能够帮助改善消化不良症状，如喝茶可减轻由细菌引起的急性腹泻。茶叶中的咖啡碱和黄醇类化合物可以增强消化道蠕动，因而也就有助于食物的消化，预防消化器官疾病的发生。因此，在进餐时适当食用含茶膳食或在饭后饮茶是有益的。茶具有分解脂肪的能力，因此在进食较多量动、植物性脂肪食品时喝茶，有助于将多余的脂肪排出体外。

茶膳具有明显的降脂瘦身功效。茶中儿茶素能有效降低血浆中总胆固醇、游离胆固醇、低密度脂蛋白胆固醇以及三酸甘油酯等，同时可以增加高密度脂蛋白胆固醇。对人体的实验表明，儿茶素有抑制血小板凝集、降低动脉硬化发生之功效。绿茶含有黄酮醇类物质，有抗氧化作用，亦可防止血液凝块及血小板成团，降低心血管疾病。但由于茶中许多有效成分不能溶解于水，其效果会受到影响，若将茶与其他具有同样降血脂效果的食物合烹制成菜肴、面点等，就可以使其降血脂的功效有效提升，这也是目前高脂血症的中老年人喜欢茶膳的主要原因。

同时由于茶中含有咖啡因及茶碱，可以活化蛋白质激酶及三酸甘油酯解脂酶，减少机体脂肪细胞堆积。饮茶不会增加额外的热量，因此能起到减肥瘦身的功效。茶叶本身丰富的纤维素也有良好的瘦身减肥效果。

茶膳具有一定的防癌作用。癌症是当前世界上引起人类死亡率最高的疾病。癌症实际上是人体中遗传物质的改变，受到致癌因素的影响后，致癌基因表达，产生癌细胞。世界各国的科学家围绕茶叶的抗癌作用开展了大量的研究。他们采用不同类型的茶叶及不同的提取方法，如茶树鲜叶提取液、绿茶提取液、儿茶素—铝络合物、绿茶水浸出液的乙醚萃取液、绿茶中的茶多酚类化合物、儿茶素等，均发现具有良好的抗癌活性。流行病学调查结果从另一侧面证明了饮茶与低癌症发病率间的正关联。如果将茶叶与其他抗癌食物搭配制成茶膳，其抗癌的效果会更加明显。

茶膳除了上述的各种功能之外，还有诸如传统中医认为的明目、利尿、生津、消除疲劳、提神益思、解热防暑、消炎解毒作用等。

4. 茶膳食料合理搭配

我国出产的茶叶不仅品种繁多，而且性味各有不同，因而在用茶烹饪菜肴时，并不能随意将茶叶放到菜里。不同的茶叶具有不同的色、香、味、性，所以在制作茶膳的时候，要注意选择不同的烹调方式，搭配成不同的菜肴，才能达到预期的效果。制作茶膳的茶叶原料主要是茶鲜叶与成品茶。以鲜叶为原料时，要考虑如何保持茶叶的绿色，如何使低沸点的青草气去掉，使茶叶的清香显露，增加茶膳的芳香。以成品茶为原料时，则要根据不同的菜式选用香味、色泽能较好协调的茶类，显现茶的香味。

首先，绿茶属凉性，特点是鲜嫩清香，按照传统中医的理论，绿茶与同样寒凉的海鲜水产原料搭配较为合适。比如，杭州名菜龙井虾仁，就是一款配合绝佳的茶膳代表作。因为虾仁本身属于水鲜类，龙井茶是绿茶，含有丰富的维生素，搭配起来，不仅在营养上很调和，而且在性味上也是相得益彰的，尤其适合于盛夏季节食用。冲泡绿茶讲究的是保持茶叶本身的鲜嫩，所以浸泡的时间和水温都有讲究，冲泡时间过长或是水温过高都会使茶叶变苦，失去原有的味道。冲泡绿茶的适宜水温应以 70℃为佳，泡茶的时间以 1 分钟左右为好。

其次，红茶是一种全发酵茶，具有红汤、红叶和香甜味醇的特征，冲泡的时候需要用沸水，所以在制作茶菜的时候，红茶也最适合用高温爆炒，炒出红茶醇厚的香味。另外，红茶的性味温和，宜与温补类的原料搭配，如与鸡肉等配合就可以起到相得益彰的效果。例如，用鸡肉与红茶配合烹制而成的"红茶鸡丁"就具有温补的特点。由于红茶性味比较温和，具有不伤脾胃的优点，因此脾胃虚弱、身体虚寒的中老年人，适合食用"红茶鸡丁"一类的茶菜。

另外，使用茶叶作为原料与其他食品原料配伍时，还应注意如下的问题：首先，茶叶不适合与富含钙质的原料相配合，如茶叶不能与螃蟹、豆腐等一起烹煮。因为茶叶中含有大量的多酚物质，不仅具有涩涩的味道，而且与螃蟹合在一起能生成不能被人体消化的钙酸盐类物质。其次，中式菜肴习惯用葱、姜、蒜、花椒、大料等具有浓郁芳香类的调料品用于除去原料中的腥味与异味，但是在茶膳里，特别是在茶的菜肴里就不适合使用这些味感浓烈、具有刺激性的调料，它们本身过于浓重的气味会把茶的清香味、淡雅感掩盖起来，影响到茶肴的味道。所以在制作茶膳的时候尽量避免与这些口味浓重的、富有刺激性的调料同时使用。

5. 茶餐休闲之兴彰显时代风尚

从生活美学的角度来看，茶之清香中散发着优雅气息，代表的是一种沉静、悠闲之美。于是饮茶总是与幽静、休闲联系在一起。饮茶如此，茶餐也如此。五彩缤纷的茶肴、茶点在各大酒店、宾馆的餐桌上粉墨登场，并赢得了食家们的青睐。从西湖之畔的"龙井虾仁"到巴蜀之乡的"樟茶鸭"，以及徽菜的"雀舌肉丁"，这些著名的传统茶肴之美已有口皆碑。而数不清的茶肴新品更是丰富多彩，不胜枚举。

随着科学技术的迅猛发展，制茶工艺发展到今日，茶叶不仅成为烹饪中制作菜肴、面点的重要原料，而且已经成为许多特色食品的重要原料。在现代技术的支持下，由茶叶衍生出的各种茶食品不断推陈出新，在丰富广大居民生活的同时，也为古老的茶文化注入了新的内涵与生命力。

目前包括传统茶膳在内的茶菜肴、茶面点、茶粥羹等已近200种之多。仅在于观亭、解荣海、陆尧三位先生共同编著的《中国茶膳》一书中，记录的较为流行的茶肴、茶点、茶粥等已多达70余种。以下是《中国茶膳》一书中茶菜肴的名单。

花丛鱼影、荷香蛙鸣、雨花盘蛇、银针献宝（鲍）、祁糖红藕、观音送子、毛峰蒸鱼、寿眉戏三菇、红茶鸡丁、龙井虾仁、乌龙炝虾、绿黄相谐（蝎）、鱼花芙蓉虾、翠螺炖生敲、翠螺蒜香骨、兰花茭白、怡红映绿、樟茶鸭、金鸡报晓、吉祥观音、一品鲥鱼、清蒸龙井、桂鱼香炸、云雾香雾、酥肉龙井、爆乌花、茶杞炒蛋、乌龙烧大排、香炸茄子、茶肉子椒、茶香四季豆、炸乌龙河虾、红茶鸡片、茶香豆腐、红茶熏鸭、茶烧牛肉、龙井氽鲍鱼、绣球鱼翅、鲍鱼护碧螺、冻顶白玉、银针庆有余（鱼）、银针桂鱼、甘露豆腐、紫笋狮子头、佛手罗汉煲、雀舌掌蛋、兰花蟹圆。

二、茶膳实例

1. 龙井虾仁

原料：龙井茶 5 克、新鲜大河虾 500 克、淀粉 10 克、熟猪油、盐、绍兴黄酒等。

制作：将新鲜大河虾脱壳出仁，用水洗至雪白，装入碗中，加盐、淀粉拌匀，放置 0.5 小时，使虾仁入味；将适量龙井茶用 70℃ 水冲泡，1 分钟后倒出部分茶汤，茶叶及剩余茶汤待用；将炒锅用中火烧热，先用猪油滑锅，再下猪油烧到四成热时，倒入虾仁，迅速用筷子划散，待虾仁呈玉白色时起锅，倒入漏勺中沥去猪油；再将虾仁入油锅，迅速加入泡好的龙井茶和茶汁，烹入绍兴黄酒，翻后即可出锅装盘。

菜品特色：菜品选材精细，茶叶用清明前后的龙井新茶，味道清香甘美，口感鲜嫩，不涩不苦；虾仁来自河虾，细嫩爽滑，鲜香适口；用猪油滑炒，荤而不腻。成菜后，菜品虾白茶碧、色泽雅丽、入口鲜美、酥软适中。

2. 樟茶鸭

原料：肥公鸭 1 只（1500 克左右）、花椒 52 克、味精 1 克、胡椒粉 1.5 克、绍酒 50 克、精盐 50 克、醪糟汁 50 克、芝麻油 15 克、熟菜油 1000 克（约耗 100 克）、锯木屑 500 克，柏树叶 750 克、樟树叶 50 克、开花葱 1.5 克、茶叶适量、樟木屑适量，甜面酱少许。

制作：将鸭宰杀褪净毛，在背尾部横割 7 厘米长的口，取出内脏，割去肛门，洗净。盆内放入清水 2000 克左右，加花椒 20 粒和精盐，将鸭放入浸渍 4 小时左右捞出，再放入沸水锅中稍烫，紧皮取出，晾干水汽。取用花椒 50 克、锯木屑 500 克、柏树叶 750 克、樟树叶 50 克拌匀，放入熏炉内点燃起烟，以竹制熏笼罩上，把鸭子放入笼中，熏 10 分钟后翻个儿，熏料中再加茶叶和樟木屑，再熏 10 分钟，至鸭皮呈黄色时取出。将绍酒、醪糟汁、胡椒粉、味精调成汁，均匀抹在鸭皮上及鸭腹中，将鸭子放入大蒸笼内，蒸 2 小时，取出晾凉。炒锅上旺火，下菜油烧至八成热，将鸭子放入炸至鸭皮酥香捞出，刷上芝麻油。最后，将鸭子切成

3 厘米长、1.5 厘米宽的小条装盘，鸭皮朝上盖在鸭颈上，摆成鸭形。上桌时将麻油 5 克与甜面酱少许调匀，分盛两碟，开花葱也分别摆入两小碟中，围在鸭子的四边佐食。

菜品特色：樟茶鸭属熏鸭的一种，制作考究，要求严格，成菜色泽金红，外酥里嫩，带有樟木和茶叶的特殊香味，是四川省经典的传统名肴之一，属于川菜。此菜选料严谨，制作精细。是选用秋季上市的肥嫩公鸭，经腌、熏、蒸、炸四道工序制成。在四道工序中以选用樟树叶和花茶叶烟熏鸭最为关键。此菜装盘上席也很讲究，整鸭熏好后要先斩段后整形，复原于盘中，使鸭子不仅肉好吃，而且形好看。上席时配以"荷叶软饼"，供食者卷食，风味尤佳。

3. 雀舌肉丁

原料：嫩芽茶 10 克、带皮五花猪肉 1000 克、花生油 55 克、白糖 20 克、酱油 50 毫升、料酒 100 毫升、精盐 3 克、葱段 10 克、姜末 10 克、花椒 10 粒、高汤 100 毫升。

制作：将选好的五花猪肉刮洗干净，先片成 2~3cm 厚的肉片，再切作方肉丁，放入沸水锅中氽一下捞出，沥干水。取小碗一个放入茶叶，冲入 90℃开水泡焖。锅上火加花生油 15 克烧至五成热时，下入白糖 20 克炒化至起红色小泡时加 50 毫升清水，调成糖色，备用。净锅上火加入花生油 40 克，烧至五成热时，下肉丁炒片刻，再烹入酱油、料酒、精盐、葱段、姜片、花椒炒匀，然后烹入茶汁水，加高汤及糖色，改用小火慢慢烧至肉丁刚熟，最后放入泡过的茶叶，改用中火收稠汤汁装盘，即成。

菜品特点：肉鲜爽口，茶香浓郁，风味甚佳。此菜素以安徽黄山毛峰茶嫩芽茶——雀舌茶为配料烹制而成，是徽菜中一款颇有特色的风味菜。

4. 鸡丝碧螺春

原料：熟鸡脯肉 100 克、碧螺春茶 15 克、鸡蛋 2 个、白面粉 100 克、细盐、味精、熟植物油 15 毫升、花生油或色拉油及其他作料。

制作：将熟鸡脯肉用手撕成细丝，碧螺春茶用少量沸水泡开，取出茶叶；将鸡蛋、面、熟植物油、发酵粉拌成糊状，然后放入泡好的茶叶、鸡丝、细盐和味精，拌匀；用色拉油或花生油滑油锅，烧到四五成热，将茶叶鸡丝糊用调羹剜成圆丸投入油锅中炸，中火加热，待成熟定型后捞出；将油温升到六成热，投入丸子复炸至金黄酥脆为止，绿茶镶于金黄色球丸之中。

菜品特色：金色球丸，黄中镶绿，色泽雅丽，外脆里软，清香鲜嫩，茶味盈颊，色、香、味、形皆佳。

5. 毛峰熏鲫鱼

原料：鲫鱼 750 克、锅巴（小米）15 克、毛峰茶 25 克、盐 3 克、白砂糖 25 克、小葱 25 克、醋 50 克、姜 50 克、香油 15 克等调味料。

制作：将新鲜鲫鱼按常法宰杀后，去除内脏并清洗干净。鲫鱼不打鳞，因含有丰富的鳞下脂肪，味道鲜美，如把鳞片打掉，则鳞下脂肪遭到破坏，鲜味损失；将鲫鱼里外撒上盐、糖，抹匀，将姜末、葱末撒在鱼身上，腌渍 20 分钟左右；将小米饭的锅巴取下，放于暖气上烘干，或入烤箱烤干，后者次之；将小米饭的锅巴放入洗净的锅中，撒上毛峰茶叶，盖上锅盖，用旺火烧至冒浓烟时，在锅内茶叶上放一个蒸架，将已腌渍过的鲫鱼放于锅中的蒸架上，盖上锅盖用小火熏 5 分钟，再用旺火熏 3 分钟左右取出；将熏制后的鱼剁成 5 厘米长、2 厘米宽的长条状，按鱼原形摆在盘内；随带醋和姜末各一小碟佐食。

菜品特色：该菜肴金鳞玉脂，油光发亮，茶香四溢，鲜嫩味美，诱人食欲。

6. 油炸雀舌

原料：黄山雀舌茶 80 克、鸡蛋 1 个、精盐 0.5 克、干淀粉 15 克、花椒盐 5 克、芝麻油 500 克。

制作：将黄山雀舌茶置于碗中，用 150 毫升热水泡开，倒入漏网并沥去茶汁；将鸡蛋磕入碗中，加入食盐，搅打至蛋液起发，加入干淀粉搅拌均匀，倒入泡开的茶叶拌匀；在锅内加入芝麻油，加热至 150℃（五六成热），用筷子夹起裹上蛋糊的茶叶，投入油锅油炸，用筷子轻轻划动避免粘连。油炸至金黄色，捞出沥油，撒上花椒盐即可食用。

菜品特色：本品采用黄山毛峰之上品"雀舌"制作，制品色泽金黄，细嚼此菜倍感茶香浓郁。

7. 清蒸茶鲫鱼

原料：活鲫鱼 250~350 克、绿茶 3 克，盐、料酒、葱、姜等调料适量。

制作：将活鲫鱼去鳞、鳃及内脏，洗净，沥去水分，鱼腹中塞入绿茶，放于盘中，加葱、姜、适量盐、酒等调料，上锅蒸熟为止。

菜品特色：该菜肴滋味清香鲜美，能补虚生津，适宜热病和糖尿病人食用（不加食盐，能治糖尿病烦渴、饮水不止。每日一次，3~5 天为一个疗程）。

8. 猴魁焖饭

原料：上等糯米 500 克、猪肉、春笋、香菇、精盐、熟猪油、味精、太平猴魁茶等。

制作：取新猴魁茶 3 克，投于杯中以 80℃温水冲泡，5 分钟后取茶汁入锅中。糯米煮熟，将猪油烧热后加入切成小丁状的瘦猪肉、春笋、香菇，再加入味精、食盐适量，翻炒均匀，至八九成熟时起待用。待饭烧至刚熟时，把炒好的三丁、猴魁茶叶倒入锅中，与米饭一起煸炒均匀，再加盖焖 5 分钟即可。

菜品特色：本品系选用安徽名茶"太平猴魁"制成，此茶香持久，味浓鲜醇，回味甘美，品质超群。素有"猴魁入饭，美味佳肴，别具风情，引人入胜"之说。

9. 碧螺春晓

原料：刀鱼 3 尾、约 1000 克、碧螺春茶叶 10 克、猪肥膘 50 克，葱、姜、料酒、精盐、味精各适量。

制作：碧螺春茶叶用沸水泡开待用。用竹筷从刀鱼鳃中绞出鳃和内脏，刮洗干净，放沸水锅中稍烫，装卡腰盘中，用料酒、精盐、味精、葱、姜调味，撒茶叶，浇茶汁于刀鱼上，猪肥膘猪切片盖在刀鱼上，放入笼中用旺火蒸 10 分钟，取出拣去猪肥膘和葱姜即成。

菜品特点：肉质细嫩，腴而不腻，味道鲜美，茶香扑鼻。上品碧螺春色泽碧绿，香气芬芳，滋味醇和，刀鱼色白似银，肉质细嫩，有"开春第一鲜"之称。

10. 雨花虾仁

原料：鲜河虾仁 600 克、雨花茶叶 20 克、葱白段少许、鸡蛋清 1 个，料酒、味精、精盐、水、淀粉适量。

制作：茶叶放在小盅内用沸水泡开后捞出，用小盅扣在装菜的圆盘中间，茶汁留用。虾仁用清水漂洗干净后沥水，放碗中用鸡蛋清、精盐、味精、水淀粉浆上劲。炒锅置旺火上，注入清油1500 克，烧至五成热时，放入虾仁划油，见虾仁变色时倒入漏勺沥油。锅内留底油置旺火上，下葱白段炸香，加入鲜汤、茶汁、料酒、精盐、味精煮沸，勾荧，放入虾仁淋明油翻炒均匀，装在茶盅周围，上桌时掀开茶盅即成。

菜品特点：南京雨花台生产的雨花茶，其色翠绿，紧细如针。雨花虾仁鲜嫩爽滑，茶香四溢。

11. 阳羡银鱼排

原料：太湖银鱼500克、阳羡茶叶10克、鲜鸡蛋2只，葱姜汁、料酒、精盐、味精、胡椒面、面包粉、芝麻各适量。

制作：茶叶用沸水泡开后捞出，放在打开的鸡蛋中调匀。银鱼用葱姜汁、茶汁、料酒、胡椒面、精盐、味精调味，以牙签穿成银鱼排，两面蘸满蛋液和茶叶，裹上面包粉和芝麻。炒锅上旺火，注入花生油1500克，烧至七成热时，下入银鱼排炸挺身捞出，抽去牙签，待油温升至八成热时，再将银鱼排投入油锅复炸，炸好后捞出沥油装在盘中。取青椒1只，番茄1只，分别刻成盅，各盛芝麻辣酱和番茄酱，随银鱼排上桌佐食。

特色：阳羡茶叶久负盛名，太湖银鱼骨软无鳞，洁白如银。阳羡银鱼排外酥里嫩，别有风味。

12. 六堡茶香虾

原料：整河虾500克、六堡茶10克，盐、油、黑椒粉、椒盐粉适量。

制作：先将整虾预处理后飞水，再将六堡茶放入热水中浸泡得六堡茶汤，在六堡茶汤中加入适量的盐并将整虾放入浸泡，将整虾和茶叶捞起晾干，将晾干的整虾和茶叶撒上适量的椒盐粉后，将整虾和茶叶一起油炸后撒上适量黑椒粉后即得茶香虾。

菜品特点：制作的茶香虾肉质鲜美不油腻，带有茶叶的醇香。

三、古代茶宴

用茶叶和各种原料配合制成的茶菜举行的宴会，叫作茶宴。人们有时会将茶宴与茶会的概念相混淆。中国古代早期，茶宴和茶会有相同之处，但现代茶宴与茶会的内容有所不同。茶会是指用茶水及茶点招待宾客的社交性集会。茶会上宾客们只喝茶汤、吃茶点，不沾油腻荤腥。而茶宴则内容更为丰富多彩，除了喝茶汤、吃茶点之外，其主要内容是宴请宾客享用与茶有关的各色食品，如上文介绍的龙井虾仁、清蒸茶鲫鱼、猴魁焖饭等，以及前文介绍的各种茶食品，如茶面条、茶馒头、茶酒、茶糖果、茶糕点等。

1. 早期的茶宴

历史早期的茶会和茶宴都是指用茶来招待客人的聚会。聚会时，除了饮茶之外，有时也吃其他东西，甚至还喝酒、吃菜。最早在宴会上出现饮茶现象的是三国时期东吴皇帝孙皓的宴会上，因为他的爱臣韦曜不善饮酒，孙皓就暗中将茶汤装进韦曜的酒壶里以茶代酒。既然是偷偷放进酒壶里，说明其他人都是在喝酒，因此是酒宴而不是茶宴，更不算是茶会。正式的茶宴出现在西晋时期，当时的吴兴太守陆纳招待谢安将军的宴会是"所设唯茶果而已"。他侄子怪他太寒酸，就摆出事先准备好的山珍海味。事后，陆纳打了他侄子四十大板，怪他破坏了自己的清廉名声。虽然这是一次没办成功的茶宴，但陆纳在平时应该也会用茶宴来招待其他宾客的。《晋书·桓温传》也记载："温性俭，每宴惟下七奠木半茶果而已。"这种只有供给茶果的宴会自然就是茶宴。因此，茶会、茶宴的历史至少可以上溯至西晋时期。

2. 唐代的茶宴

茶会、茶宴也有称茶集的，正式名称出现在唐代，如钱起的《与赵莒茶宴》和《过长孙宅与朗上人茶会》，刘长卿的《惠福寺与陈留诸官茶会》，王昌龄的《洛阳尉刘晏与府掾诸公茶集天宫寺岸道上人房》、李嘉祐的《秋晓招隐寺东峰茶宴送内弟阎伯均归江州》、武元衡的《资圣寺贲法师晚春茶会》、鲍君徽的《东亭茶宴》等，写的都是集会品茶的情形。不管是茶会、茶宴还是茶集，都是以茶代酒的文人雅集，如吕温在《三月三日茶宴序》中写道："三月三日，上巳禊饮之日也。诸子议以茶酌而代焉。乃拨花砌，爱庭阴，清风逐人，日色留兴，卧指青霭，坐攀花枝。闻莺近席而未飞，红蕊拂衣而不散。乃命酌香沫，浮素杯，殷凝琥珀之色。不令人醉，微觉清思，虽玉露仙浆，无复加也。"钱起在《过张成侍御宅》诗中也有"杯里紫茶香代酒"之句，都是描写文人集会"以茶酌而代酒"的情形。陆士修等人的《五言月夜啜茶联句》也是描写一次茶会的情形，文人们在品茶之时还要联句赋诗：

泛花邀过客，代饮引情言。（士修）

醒酒宜华席，留僧想独园。（张荐）

不须攀月桂，何假树庭萱。（李萼）

御史秋风劲，尚书北斗尊。（崔万）

不似春醪醉，何辞绿菽繁。（清昼）

素瓷传静夜，芳气满闲轩。（士修）

从"代饮引清言"和"不似春醪醉"等诗句可以看出，此次聚会也是只喝茶不饮酒的。官府举办的茶会就要气派得多，有名的一次是在浙江湖州和江苏常州交界的"境会亭"上举行的茶宴。每年春季为了品评顾渚紫笋茶和宜兴阳羡茶的贡茶质量，两州太守相约在境会亭举行盛大茶宴，邀请各界名士参与品评，当时在苏州任职的白居易也在被邀请之列，因病未能出席，特地写了一首《夜闻贾常州、崔湖州茶山境会想羡欢宴因寄此诗》寄去：

　　遥闻境会茶山夜，珠翠歌钟俱绕身。

　　盘下中分两州界，灯前合作一家春。

　　青娥递舞应争妙，紫笋齐尝各斗新。

　　自叹花时北窗下，蒲黄酒对病眠人。

　　虽也是以品茶为主，但宾朋满座，还有歌舞相伴，自然热闹非凡，非一般文人聚会可比。唐代宫廷也经常举办茶会。鲍君徽是唐代德宗时期的宫女诗人，她的《东亭茶宴》就是描写宫女妃嫔的茶会情形：

　　闲朝向晓出帘栊，茗宴东亭四望通。

　　远眺城池山色里，俯聆弦管水声中。

　　幽篁引沼新抽翠，芳槿低檐欲吐红。

　　坐久此中无限兴，更怜团扇起清风。

　　这是宫女们在郊外亭中举行茶宴的情形，诗中的"茗宴"就是"茶宴"。表现宫女们在室内举行茶会（宴）的情形是现存台北故宫博物院的唐代茶画《唐人宫乐图》（图8），图中共绘12人，两侍女站立左旁，其他10人围坐在长方桌旁边各行其是：饮茶、舀茶、取茶点、摇扇、弄笙、吹箫、调琴、弹琵琶、吹笛、放茶碗、端茶碗等。站立左旁后侧的侍女在吹排箫。长桌中间放着茶汤盆、长柄勺、漆盒、小碟、茶碗等。这是妃嫔们的一次聚会，从图中可以看出除了供应茶汤、茶点之外没有其他食物，更没有酒水菜肴，但有乐器演奏，而且演奏者面前也有茶碗，是在自娱自乐，是典型的茶会。宫廷茶宴最豪华的当数一年一度的"清明宴"。唐朝皇宫在每年清明节这一天，要举行规模盛大的"清明宴"，以新到的顾渚贡茶宴请群臣。唐朝政府在浙江湖州的顾渚山设贡茶院，

茶
食

专门制作贡茶供皇宫饮用，规定在清明节之前一定要送到长安。从湖州到长安有一千多里路，必须提早采摘制作才能不误期限。

图8 《唐人宫乐图》唐代

李郢的《茶山贡焙歌》就描写了赶制赶运贡茶的紧张情况：

蒸之馥之香胜梅，研膏架动轰如雷。

茶成拜表贡天子，万人争啖春山摧。

驿骑鞭声砉流电，半夜驱夫谁复见。

十日王程路四千，到时须及清明宴。

当贡茶运到京城之后，整个皇宫都忙碌起来：

凤辇寻春半醉归，仙娥进水御帘开。

牡丹花笑金钿动，传走吴兴紫笋来。

可以想见，这样的茶会一定规模巨大、气势宏伟，对唐代茶会、茶宴之风的兴盛产生极大的推动作用。

3. 宋代的茶会

宋代文人也经常举行茶会，并且还有当众表演茶艺的。例如，宋初陶谷《清异录》记载的"沙门福全能注汤幻茶，成诗一句，并点四碗，泛乎汤表。檀越日造门求观汤戏"。这种有人参观而表演的汤戏，实际上也是一种小型的茶会。杨万里《澹庵坐上观显上人分茶》写的也是在胡铨（澹庵）府上的一次茶会观看分茶表演的。宋代最有名的茶宴当是宋徽宗亲自参加的在延福宫举行的曲宴。"宣和二年十二月癸巳，召宰执亲王学士曲宴于延福宫，命近侍取茶具，亲手注汤击拂。……饮毕，皆顿首谢。"既然是召集宰执亲王学士等人参加，且有皇帝亲自点茶的茶会规模一定很大，影响自然也是深远的。宋徽宗还绘过一幅描绘文人茶会的《文会图》（图9），描绘了在一个豪华庭园里的几株大树下，摆设着一个巨大的镶有贝雕的黑漆桌案。案上摆放着八盘果品和六瓶插花。桌案右边和左边各放着一件套放在注碗中的执壶，在宾主的面前都放着瓷托盏。有八位文士围桌而坐，有两人起身与旁边的人交谈。有的或举杯品饮，或与侍者轻声细语，或独自凝神沉思。有侍者二人正端杯盏至桌边献茶。画面左边大树下有两位文士在交谈。画面后面的大树下摆有一石案，案上放着一张古琴和一个香炉。在画面的前景中心是煮茶场面，有五个人煮水点茶。从《文会图》中还可以看出，当时的茶会就是饮茶和吃果品，没有菜肴，但与插花（桌上有六瓶花）、弹琴、焚香（后面石案上有古琴和香炉）等项艺术相结合，显示出我国文人茶会的高雅风韵，也让我们直观了解宋人茶会的具体情形。

图9 《文会图》北宋赵佶

4. 明清的茶会

明清文人举行的茶会，可以用文徵明的《惠山茶会图》做代表（图10）。该图描绘了明朝正德十三年清明时节，文徵明与好友蔡羽、汤珍、王守、王宠等人游览无锡惠山，在惠山泉边聚会饮茶赋诗的情景。画面自左向右为：青山绿水树下，有茶桌置于草地，桌上摆着各种精致的茶具，桌边有一长方形的风炉正在烧水。一文士拱手而立，似向草亭中两文士致意。桌边有两侍童正忙着烹茶。画面中心为一草亭，亭中有一井，井旁有两个文士倚井栏而坐，正在凝神思索。亭后一条小径通向密林深处，两个文士正一路交谈，漫步而来。前面有一书童在引路。整个画面布满苍劲的松树树干和浓密的枝叶。这是一次文人的露天茶会。清代的茶宴盛行，与清宫的重视有关。乾隆皇帝一生嗜茶，首倡在重华宫举行茶宴，据记载曾举行60多次。

图10 《惠山茶会图》明代文徵明

《清朝野史大观》"茶宴"条记载，每年元旦后三天举行茶宴，由乾隆亲点能赋诗的文武大臣参加。茶宴开始时，乾隆升座，群臣两人一几，边饮茶边看戏，由御膳茶房供应奶茶。还要联句赋诗："仿柏梁体，命作联句以记其盛。复当席御制诗二章，命诸臣和之，岁以为常。"《养吉斋丛录》卷十三记载重华宫举行茶宴的详细情况："列坐左厢，宴用果盒杯茗。……初人数无定，大抵内直词臣居多。体裁亦古今并用，小序或有或无。后以时事命题，非长篇不能赅赡。自丙戌始定为七十二韵，二十八人分为八排，人得四名。每排冠以御制，又别有御制七律二章……题固预知，惟御制元韵，须要席前发下始知之。与宴仅十八人，寓'登瀛学士'之意。诗成先后进览，不待汇呈。颁赏珍物，叩首祗谢，亲捧而出。赐物以小荷囊为最重，谢时悬之衣襟，昭恩宠也。余人在外和诗，不入宴。"这也是真正的茶宴，所享只是"果盒杯茗"而已，但要和皇上的御制诗，题目虽然预先通知，韵脚却是临时告诉，没有真才实学还真不好应付。后来在各种宴会上都要用茶，如康熙、乾隆两朝举行过四次规模巨大的"千叟宴"，多达两三千人，把全国各地 65 岁以上的代表性老人都请来，席上也要赋诗。但开始也要饮茶，先由御膳茶房向皇帝进献红奶茶一碗，然后分赐殿内及东西檐下王公大臣，连茶碗也赏给他们，其余赴宴者则不赏茶。被赏茶的王公大臣等接茶后均行一叩礼，以谢赏茶之恩。以后就开始上酒菜正式开宴。此外，皇宫举行的各种宴会开始都要先进奶茶，再摆酒席。从此以后，茶宴中的酒水菜肴的比重越来越大了，逐渐演变成真正的宴会了。

四、现代茶宴

现代的茶宴又有了新的内容和形式，特别是利用现代食品科技将茶作为元素引入各类茶菜肴中，并形成具有养生、民俗、社交、礼仪等功效的茶宴，著名的有茶谣茶宴、秋萍茶宴、西湖茶宴、径山茶宴、荷花茶宴、云起茶宴等。当代茶宴是典型的、以茶为原料制作各类茶菜、茗粥等含茶食品来宴请宾客的盛会。

1. "西湖十景"茶宴

上海的"秋萍茶宴馆"（原天天旺茶宴馆）是中国首家茶宴馆，由刘秋萍女士创办，以 100 多道色、香、味、形、境俱美的茶膳展现了"食茶"的美学。刘秋萍女士认为，对于吃，当代中国人已不再追求果腹，而是追求舒适、追求美感，茶宴就是要让人们吃出健康、吃出好心情、吃出文化来。她总结了茶宴的三重境界：第一重是看得见的茶叶，如龙井虾仁；第二重是不见茶，茶有机地融入菜肴；第三重就是茶宴文化，每道菜都有寓意与意境。在秋萍茶宴馆里，每一道菜都有文化内涵与审美情趣，就像一件精美的艺术品，体现了中国传统诗歌与绘画之美。

秋萍茶宴馆在 1994 年创建了第一套经典茶宴"西湖十景"，整个茶宴的所有菜品都是关于"西湖十景"的形象展示。秋萍茶宴馆中的 100 多道茶菜，既有对传统茶菜的传承，也有经过尝试后的改良，如龙井虾仁，是许多人都熟悉的一道茶菜，也是"杭帮菜"的经典菜肴之一。它的常规做法是用西湖龙井的芽叶、茶汤和虾仁放在一起炒，颜色淡粉翠绿，虾仁吃起来口感脆嫩，透出龙井茶特有的嫩香。不过，秋萍茶宴馆对这道菜进行了修改，把龙井茶换成了乌龙茶。因为这道菜最难的环节就是虾仁的处理，如果没处理好，虾的腥味就会残留，而且肉身不紧致，吃起来不弹牙。用乌龙茶的茶汤处理虾仁，就能解决这些问题。不仅能去腥，而且还能吊出虾仁的甜味，口感也爽脆嫩滑、有弹性。

　　"童子敬观音"也是采用了类似的做法。这道菜的基础为"茶香鸡"。它的选料非常严格，鸡一定要是一斤八两重的童子鸡，才能保证肉质的嫩度；茶一定要用炭焙铁观音，如果是电焙的，香气不够，而且可能还有青味。"童子敬观音"的最大特色在于"敬"，取"浸"的谐音，即将童子鸡放在炭焙铁观音的茶汤里浸泡 24 小时，让鸡肉充分吸收铁观音的茶香，吃起来味鲜而不腻，茶香四溢。

　　"柳浪闻莺"是茶宴馆的经典之作。它的名称来源于著名的杭州"西湖十景"。这道菜实际上是冷菜拼盘，八种冷菜都带茶：红茶牛肉、观音豆腐、茶香万年青、碧螺花生、苦丁凉瓜、陈皮茶虾、茶卤鹌鹑蛋、乌龙顺风（猪耳）。

　　柳浪闻莺（冷）

　　原料：主料为猪后腿 150 克、藕 150 克、猪耳朵 150 克、鹌鹑蛋 150 克、鸭掌 150 克、豆腐 100 克、牛肉 150 克、斑节虾 150 克；调料为红茶粉 2 克、绿茶粉 2 克、乌龙茶 2 克、绿茶 1 克、陈皮 2 袋、葱姜适量、精盐适量、鸡粉 5 克、料酒 10 克、芥末酱 20 克、白糖 150 克、柠檬汁 50 克、茶卤适量、茶糕少许、啤酒少许、生抽 5 克、胡椒粉 2 克；围边点缀料为香芋 2 个、琼脂 10 克、荷兰芹少许。

制作：将琼脂煮化，加入绿茶粉搅匀，倒在盘子中间，外围用茶糕围一圈。香芋雕刻成假山、小桥、凉亭，放在琼脂上，摆上荷兰芹。将以上主料各自腌制，调好味，按颜色顺序排列即可。

特点：此菜系杭州西湖十景之一。春日繁花满枝。宋时这里为御花园，园中有柳浪桥，黄莺时而鸣叫，行人贮足而听，因而有柳浪闻莺之说。八味冷盆蕴集了红、黄、绿、青茶独特的风味，令人回味无穷。

雷峰夕照

原料：主料为活斑节虾 500 克、茶叶 5 克；调料为葱段 10 克、姜片 10 克、高汤 2000 克，秘制红茶汁 50 克、高粱酒 2 克；围边点缀料为胡萝卜 1 根、荷兰芹适量。

制作：将茶叶用山泉水泡开，投入洗净的虾，浸泡 30 分钟取出；锅内放入高汤投入葱姜、高粱酒，烧沸，投入斑节虾，余熟捞起，浇入清油，拣去葱姜，码于盘中；将胡萝卜雕刻成雷峰塔，放在盘中间，四周围上荷兰芹，用小碗盛上红茶汁一道上席。

特点：此菜系杭州西湖十景之一。茶可去除虾腥味，使虾肉更加鲜爽。

2. 茶谣茶宴

"茶谣茶宴"传承传统的茶宴形式，结合现代食品加工工艺和中西方饮食文化，创制出茗菜鱼圆汤、抹茶戚风蛋糕、工夫茶蛋、茗菜沙拉、红茶布丁、乌龙火腿、杏仁茶、茶汁玉米仔排、茶泡饭、抹茶冰激凌十道与茶相关的茶宴菜肴。

茗菜鱼圆汤：鱼圆汤是历史上著名的皇室专用食品。相传楚文王迁都到郢，酷爱吃当地的鱼鲜，但是文王偏偏是一个吃鱼不会吐刺的人，这让文王一筹莫展。据《荆楚岁时记》记载，文王曾因宴会时被鱼刺扎喉而怒斩厨师，为此，大臣建议出榜招贤，聘用会烹制无骨刺鱼肴的名师，却一直无人敢应聘。直至一天，御厨为了发泄不能制作出令文王满意的鱼肴而奋力用刀背拍击案板上的鱼块时，意外地发现鱼肉与鱼刺分离了，鱼肉变成了细茸，时值文王用膳期间，厨师慌忙间将各种调味料和鱼茸掺和在一起，挤成小圆子，氽入鸡汤献给文王。文王见这鱼圆晶莹剔透，入口即化，质味皆佳，随即下令定为国菜，不得外传，鱼圆汤就诞生了。茗菜鱼圆汤是茶谣茶宴的开胃汤，一般情况下，开胃汤是西餐中的第一道菜肴或主菜前的开胃食品，特点是菜肴数量少、味道清新、色泽鲜艳，适合各种人群食用。茗菜鱼圆汤用茶汁熬制的鸡汤和特制的茶鱼丸结合，产生了新的口感风味，同时由于茶中氨基酸的鲜爽滋味和鸡汤有异曲同工之妙，结合两大优质食材的茗菜鱼圆汤观感也有大幅度提升，使用氨基酸含量高的安吉白茶作为这道菜的用材，能使成品的口感鲜爽度明显提升。

抹茶戚风蛋糕：考虑到食客来自五大洲，菜肴搭配上选用中西结合的模式。戚风蛋糕作为西方生活中常见的甜点，成为茶谣茶宴的选择。将抹茶调入食材中的烹饪方法，自唐朝开始沿用至今。茶谣茶宴的抹茶戚风蛋糕配方独特，抹茶粉选用日本蒸青玉露茶制作，避免了色素等食品安全的困扰。此外，抹茶戚风蛋糕口感清淡，祁门红茶蜜糖甜香，两者搭配食用既凸显了抹茶的清香，也更能体现祁门红茶的蜜味。

工夫茶蛋：茶叶蛋是中国传统小吃，街头巷尾只要你愿意，都可以寻香找出几只五香茶叶蛋来，但是如果你是此中行家的话，茶叶蛋也可以吃出不同的风味。吃茶叶蛋以苏浙皖三省跟赣鄂地区最为流行，江浙一般人家，新春到府拜年待客的元宝茶，就是茶叶蛋。茶谣茶宴中这道工夫茶叶蛋与一般的茶叶蛋有些不同，选用坦洋工夫红茶和骨头汤煮制，是坦洋工夫红茶的醇厚滋味与秘制大骨汤的完美结合。这道茶叶蛋在整个宴会过程中可以算作是第一道主菜，既能补充足够的蛋白质又能消除前两道菜相对而言的清淡口感，使食客产生饱腹感。此外，做茶叶蛋最好用红茶，因为红茶香浓而不苦涩，颜色鲜亮，煮出来的蛋香气四溢，均匀，卖相极佳；绿茶多少有点苦味，煮出来蛋会有涩味，且绿茶性寒，不适于有胃病、体弱者及孕妇食用。

茗菜沙拉：《晏子春秋》中记载"婴相齐景公时，食脱粟之饭，炙三弋，五卵、茗菜而已"。这道茗菜沙拉的创意就是源于"茗菜"二字，沙拉本就是西方常见的饮食方式，引入中国以来受到很多人的喜爱，特别是希望减肥的食客更是对其情有独钟。沙拉一般有水果沙拉和蔬菜沙拉之分，茶谣茶宴的沙拉独创加入腌制过的茶芽，很好地去除了茶叶的苦涩味，保留了清香的口感，使得这款茗菜沙拉集合了春茶的芬芳与时蔬的清鲜，再配以浓郁的沙拉酱，尽显独有风味。

红茶布丁：布丁是英国的一种传统食品。一般情况下布丁会有杬果、牛奶、巧克力、焦糖等口味，茶布丁虽也有上述口味但主要是抹茶布丁口味。本次茶宴选取的是 CTC 红碎茶，口感具有浓强鲜的特色，和布丁原料融合后能提升布丁口感的刺激性，使食客很容易就记住这款茶点的风格。

乌龙火腿：据考证，金华民间腌制火腿始于唐代。唐开元年间（公元 713~742 年）陈藏器撰写的《本草拾遗》载："火腿，产金华者佳。"距今已有 1200 余年历史。据清代赵学敏编纂的《本草纲目拾遗》记载，金华火腿有益肾、养胃、生津、壮阳、固骨髓、健足力等功能。乌龙茶分为闽南乌龙、闽北乌龙、潮汕乌龙和台湾乌龙四大系列，这四个系列的乌龙特色各不相同：闽南乌龙香气清鲜；闽北乌龙焙火味足；潮汕乌龙花香丰富；台湾乌龙香气较为内敛，以滋味见长。乌龙火腿是选用金华火腿和乌龙茶为主材的一道风味茶餐，也是茶谣茶宴的主菜。半发酵的闽南铁观音茶配上精心熏制的金华火腿，尽显中国茶文化的和谐韵味。蒸制时乌龙茶、云腿、鸡蛋按照由下至上的顺序摆放，乌龙茶的醇香经慢火蒸制融入火腿中，茶香与火腿香缠绵交替，回味悠长。三层食材暗喻着天、地、人和谐相处及天人合一的茶文化思想。吃完这道茶菜，再品一口醇厚的陈年生普，不仅味感和谐，更能消食去腻，化解火腿中的油脂，真算是健康和口腹的双享美味。

　　杏仁茶：在《红楼梦》通行本的第五十四回，在元宵节的夜里，当大家都在准备看烟火的时候，贾母突然觉得腹中饥饿，于是王熙凤赶紧报上了早已准备好的夜宵菜单，这长长的菜单里，却没有一样合老太太的心意，最后贾母出人意料地选择了杏仁茶——这道常见又普通的甜点。贾母显然是一个吃遍山珍海味的人，为何她会在那么多的食物中单独选择杏仁茶呢？甜杏仁具有润肺、散寒、祛风、止泻、润肺之功能。此外，由于杏仁茶还有祛斑美白、排毒养颜的作用，唐宋以来宫廷中多以服食杏仁糕点和杏仁茶为养颜的秘方。茶谣茶宴将甜杏仁浸泡后，通过精磨过滤等八道工序制作，口感浓郁而细腻，在吃过咸鲜的火腿后，一杯微甜的杏仁茶恰到好处。

　　茶汁玉米仔排：作为茶宴最后一道主菜，茶汁玉米仔排的果腹功效是极为凸显的，但同时菜的精致和茶的淡香仍然是茶宴追求的方向。精选小排配上香浓玉米是经典的中国南方式调味，但是常规做法里，仔排的腥味是料酒来解除的，对于对酒味敏感的人群来说，难免就影响进食的愉悦感。茶谣茶宴里这道茶汁玉米仔排是选用杭州临安所产的"天目青顶"烘青绿茶的茶汁来替代料酒，从而使得汤汁浓而不腻，还带有淡淡的茶的清香，作为茶谣茶宴的又一道菜，不仅能满足主菜的功能，更能提供不少健康的元素。

茶泡饭：在《红楼梦》第四十九回写道，宝玉赶着到芦雪亭拥炉作诗，在贾母处"只嚷饿了，连连催饭……宝玉却等不得，只拿了茶泡了一碗饭，就着野鸡瓜齑忙忙咽完了"，是什么样的美味让宝玉如此行为？作为宴会的主食，茶谣茶宴的这碗茶泡饭选用上好明前龙井茶作为主材，既不同于红茶、乌龙茶等茶味浓郁的茶，也区别于白茶和烘青类绿茶这些口感清淡的茶汁，茶汁栗香明显，口感醇厚，配上东北黑土地上的有机大米，味道绝佳。

抹茶冰激淋：抹茶和冰激淋的组合是茶谣茶宴的最后一道甜点，也是体现中西合璧茶宴风格的点睛之笔。茶谣茶宴的这款冰淇淋不含任何食品添加剂，所以必须随吃随做，口感上茶的风味得到了加强，特别喜欢甜的食客会感觉略显不足，但是口感清淡的食客会觉得茶香非常凸显。茶谣茶宴的第十道菜，不是十全十美，但是茶的余韵悠长。

3.西湖茶宴

西湖茶宴在老龙井御茶园进行，其继承了古今茶宴在品茶、佐以茶食点的传统格调，又突破了其单一的做法，在传统的以茶入菜基础上，把饮茶、尝茶食、品菜肴以及器乐欣赏、诗词书画有机融合于一席之中，顺应形势，将时尚与生活巧妙结合起来，从而呈现了"中国茶都"独特的风情与韵味。"西湖茶宴"沿袭古代茶宴的习俗，在长长的方桌上进行。茶宴分别奉上四道茶，不饮酒。第一道西湖龙井，第二道大红袍，第三道九曲红梅，第四道普洱茶。每道茶后配以茶点和菜点，菜点包括龙井虾仁、凤凰肉（饲养天鹅）、清汤橄榄鱼丸、手剥笋鹅肝、乳鸽、艾叶团子、茶叶蛋、定胜糕、吴山酥油饼、竹筒饭、蟹粉豆腐等。

4. 径山茶宴

径山茶宴原是径山寺接待贵客上宾时的一种大堂茶会，起源于唐朝，盛行于宋代，传承至今已有 1200 多年的历史，也是日本茶道之源，体现了禅意、礼仪、茶艺的完美结合，堪称我国禅茶文化的经典样式。有史料记载，最早的茶宴出现在杭州径山。径山寺禅茶文化可追溯至唐。僧人举行茶宴，礼佛参禅，并制定了独特礼仪，到了宋朝，其影响覆盖江南，被誉为"东南第一禅林"。"茶圣"陆羽也曾隐居径山脚下，写下著名的《茶经》。宋代时饮茶之风盛，每年春季，僧侣经常在寺内举行茶宴，座谈佛经，并逐渐形成一套较为讲究的仪式，后人称其为径山茶宴。还有一种说法是，北宋元丰年间，杭州上天竺寺有位高僧名叫辩才法师。他喜欢龙井，便居于此地，开创龙井寺。辩才法师德高望重，钦慕他的人纷纷前往龙井探访他。辩才法师好客，每当有访客前来，就会奉上山中自植自焙的香茗一杯为礼。客多，茶的需求量大，龙井寺周围山林便成了茶园遍布之地。那一年，苏东坡二度到杭州当知州。一日，苏东坡得空闲来到龙井，与辩才法师一边茗茶一边聊起了茶道，真正相见恨晚。之后，辩才法师以茶会友，经常在龙井寺内举行茶宴，座谈佛经，并慢慢形成了一套较为讲究的茶宴。

径山茶宴在径山已失传甚久，20 世纪 80 年代以来，浙江茶界的有识之士试图恢复，举办了多次仿效径山茶宴的仪式。2010 年 5 月 18 日，文化部将径山茶宴列入《第三批国家级非物质文化遗产名录》。为恢复、传承"径山茶宴"这一国家级非遗项目，2016 年茶圣节期间，径山成立了径山茶汤会，拉开了民间恢复径山茶宴的序幕。在当地政府、专家学者和禅茶爱好者的共同努力下，2017 年"径山茶宴"终于得以恢复，并展现在世人面前。

举办茶宴时众佛门弟子围坐"茶堂"，依茶宴之顺序和佛门教仪，依次点茶、献茶、闻香、观色、尝味、叙谊。先由住持亲自冲点香茗"佛茶"，以示敬意，称为"点茶"；然后由寺僧们依次将香茗奉献给来宾，名为"献茶"；赴宴者接过茶后先打开茶碗盖闻香，再举碗观赏茶汤色泽，尔后才启口，在"啧啧"的赞叹声中品味。茶过三巡后，即开始评品茶香、茶色，并盛赞主人道德品行，最后才是论佛诵经，谈事叙谊。张茶榜、击茶鼓、恭请入堂、上香礼佛、煎汤点茶、行盏分茶、说偈吃茶、谢茶退堂……十多道程序，还贯穿着师徒、宾主之间的问答交谈和禅语。径山茶宴体现了古老的禅茶礼仪，是中华禅茶文化和礼仪文化的瑰宝，具有很高的学术价值。其饮茶礼仪所展现的幽静雅致、意畅神清、品茶养心、斗茶逸趣和佛门境界绝无仅有，艺术价值极高。

5. 荷花茶宴

位于中国福建省漳州市的天福茶博物院创办了荷花茶宴，其以荷花茶的文化为载体，是当代茶事活动中一种很有特色的现象。从荷花茶的制作到茶宴内容的丰富、茶宴流程的设计，呈现了荷花与茶的深层契合，既传承了历史上荷花茶的雅趣，又表现出现代人生活的清简追求，是现代高品位茶事活动的一种有益的尝试与探索。

荷花茶宴的灵魂是荷花茶本身。随时代的变迁，现代人也无须刻意模仿古人的做法，然而荷花与茶的融合是必然的。天福茶博物院的明湖中，栽种了可食用的荷花。每年夏季晴天，荷花苞欲开未开时，采下荷苞，慢慢拨开花瓣直到看见花蕊，将适量的清香型高山乌龙茶放入其中，再把荷苞整理好紧闭，以食品保鲜膜将荷苞完整包起来，再装进茶叶专用铝箔袋，封口后放入冰箱冷藏 24 小时，之后将其转入冷冻，随时均可取出泡饮。即将开放的荷苞为香气比较浓郁的状态，经过冰箱的冷藏，茶叶能吸收荷花的香气，此后一起进入冷冻，不再分开，荷花与茶真正相融相合。

荷花茶泡法，为了呈现荷花茶的雅趣，与古时仅用茶叶有别，荷花茶宴采用大碗泡法，并且是荷花与茶同时浸泡。青瓷荷花大碗，足够荷花与茶叶在水中舒展，如同荷花绽放于水面的形态。冷冻状态下的荷花苞，保持着荷花新鲜的颜色和姿态，将荷花在碗中放好，以沸水缓缓注入，荷花与茶逐渐融入水中，舒展开来，借助竹茶夹，将荷花瓣依次梳理整齐，荷花绽放，高山乌龙也舒展开来，茶汤呈现出浅翡翠的质感，以茶勺分茶，依次盛入青瓷杯中，再传与客人品饮。品完第一道后，再注入适量的沸水，将茶碗传至席上，由客人自行取饮，此时可以观赏碗中茶与荷花之美，再品尝茶汤，别有一番风味。荷花茶宴的结构是丰富的荷花文化与茶文化的融合。作为茶宴的方式，品饮荷花茶是主体，但还有特别的增进茶会氛围的内容。

一是品茗时空的选择与营造。于荷花池畔平整的草地上，铺设蒲草席，以矮桌和蒲团构成席地围坐式的户外茶席，简约又不失隆重，意在营造一种人与自然最契合的融入方式，人、荷花、茶，自然连接。茶宴的时间，因为赏荷的季节特性，夏日里一般选择在傍晚，阳光渐弱，微风扶起，鸟儿归巢，池中荷风摇动，带来阵阵清香，彼时是大自然赋予人在视听与身心感受最闲适的一段时光。

二是品饮广义的"荷花茶"。除了上文所述以荷花入茶之茶宴主体，在茶宴中还有另一重要的茶——莲心茶。莲心为莲子之心，味觉清苦，闻来清香，有清心的独特功效，为药食同源的一种饮品。莲心外形俊美，以玻璃壶具冲泡，泡出的莲心茶汤色翠中带绿，莲心颗颗立于水中，赏心悦目。品完荷花茶，再来一杯略带清苦的莲心茶，乃是夏日里的清凉剂。

三是茶食。将上等莲子去心后蒸熟，装入精巧的碟子中，搭配小勺子，一人一份。纯莲子的口感清甜带糯，入口即化，与莲心茶的清苦相映，调动味觉的诸多感受，五六颗莲子，细细品味，恰到好处，再将碟中的汁液入口，更是回味无穷。另有更别致的茶食，是茶宴中真正的助兴者，是炸鲜荷花瓣与鲜茶叶，将可实用的新鲜荷花瓣与新鲜茶芽叶，蘸米浆之后油炸至酥脆，即食。炸出后蓬松的荷花瓣与茶叶，洁白的米浆呈半透明状，衬出荷瓣的粉白与茶叶的翠绿，香气清爽，装进大瓷盘中，在茶宴结束前，端上茶席，请宾客即时品尝。

从品尝荷花茶，观赏荷塘中的荷景，到茶碗中的荷花与茶一起舒展绽放，再到食荷花，荷花茶宴的内容无限丰富，将日常的审美与艺术的体验有机结合，是名副其实的"荷花茶宴"。荷花茶宴，是人们顺应了季节的流动，自觉而且有规律地丰富茶事生活的成果。荷花茶的制作，延伸了茶的内涵，宜茶之花，赋予茶独特的生命价值，增进了品茶的乐趣。以完整的荷花饮食文化与荷花美学融入饮茶的过程，既诠释了古人所谓"物尽其用"，更充分体现了文化活动的充实。在天福茶博物院的夏季荷花茶宴里，每一个环节的每一种荷花物态文化的应用，都不是简单随意的添加，而是精心准备与自然的融合，让参加茶宴的人在秩序井然、风光和美的饮茶过程中，体验到造物独予的自然之美与智慧所聚的人文之趣。

荷花之高洁与纯净的品德，其奉献所有造福人类的无私精神和历百千劫而终于馨香四溢口味醇美的茶相遇相融，让人们在品赏的过程中，体验了真善美，也在有限时空里，在了无挂碍的面对面之中，学习着珍惜、包容和感恩。

6. 云起茶宴

云起茶宴由位于北京"帽儿胡同"的云起茶宴餐厅精心打造。入得其中，灯光柔和、幔帘低垂，屋顶铺满红布，巨大的粉色丝纱垂落在室中隔断视线，造成一种视觉和空间的交错感。餐厅中每把茶壶都只能冲泡一种茶，不可混用。云起茶宴的菜大都精致并富有创意，菜名也很有意思，如"小鸡快跑"是用绿茶腌制过的鸡脆骨，也叫掌中宝，爆炒而成，吃起来香脆耐嚼。因其原料取自鸡爪上的一部分，所以叫"小鸡快跑"。"山茶喜鸭"用高山乌龙茶浸过的鸭胚，是幼鸭，不是很肥的填鸭，烤制的。用茶浸过以后，去除鸭子腥腻的味道，而且肉质更鲜嫩。"为伊消得人憔悴"是蒜香烤排骨，排骨是用普洱茶汤浸过的，之后再用茶油炸制而成，而不是普通的猪油或豆油，虽然是炸的肉菜，但一点都不肥腻。"茶香鲜鱼"，在鲈鱼肚子里放上茶叶然后清蒸，鲈鱼肉嫩味鲜，吃起来有淡淡的茶香。"傣家牛肉"，是用绿茶粉炒的泰国香米打底，上面是非常嫩的小牛肉丁，并且用茶菇、咖喱、番茄调味，既有主食又有副食，米饭有绿茶的清香，而牛肉的咸香、口感微酸微辣，红艳的颜色让人胃口大开。"老火靓汤"则用鸡鸭吊几个小时，汤色纯白、细腻、非常好喝，在寒冷的冬日喝上一碗可以温暖五脏六腑，让人精神焕发。白饭是"茶蒸香稻"，手擀面都是以普洱茶汤和面、"冰茶银耳芦荟"入口清甜爽脆，"智者千绿"营养丰富……每道菜都给人新奇别致的感觉。

茶宴历史悠久，文化内涵丰富；现代茶宴集茶饮、茶酒、茶点、茶膳等为一体，内容丰富，形式多样，是对古代茶宴的继承与发展。现代茶宴可满足消费者对于饮食、保健、审美等的多重需求，兼具社交、文化传承等功能。现代茶宴在不断创新发展中，但同时需要后人从以下方面努力：首先，进一步明确茶膳食材搭配的营养及保健功能原理；其次，借助现代烹饪技巧，丰富茶宴内容；再者，在社会及餐饮企业的共同努力下，可以借助新媒体、旅游景区等途径对茶膳、茶宴进行宣传，让消费者知晓茶膳的营养、社交、审美等功能，让茶膳与茶宴成为一种时尚。

茶食的功能成分及保健功效

茶叶的化学成分，现见于国内外文献报道的就有 600 多种，主要包括茶多酚、生物碱、糖类、酶类、蛋白质、氨基酸、有机酸、脂肪、色素、芳香物质、维生素、无机化合物等。

一、茶多酚

茶多酚是茶叶中 30 多种酚类物质及其衍生物的总称，并不是一种物质，因此常称为多酚类，约占干物质总量的 20%~35%。过去茶多酚又称作茶鞣质、茶单宁。茶水的涩味及通常所说的茶垢均来源于此。茶多酚中最重要的成分是儿茶素类化合物，它是一类结构复杂的化合物。绿茶中儿茶素含量最高，发酵类茶（如红茶、黑茶、乌龙茶）在加工过程中儿茶素被氧化聚合成茶黄素、茶红素、茶褐素等一系列有色化合物，它们对红茶、乌龙茶和黑茶品质和汤色有重要影响。在红茶的理化评审中，常采用茶黄素和茶红素含量及两者比率作为红茶的品质指标。绿茶饮用时的收敛性味觉就是由儿茶素类化合物决定的。

茶多酚是茶叶中重要的生物活性物质，在茶叶的药效中起主导作用，具有消除有害自由基、抗衰老、抗氧化、消炎、降脂减肥、抑制癌细胞、抗菌杀菌、抗病毒、抗紫外线辐射、调节肠道菌群、防治心血管病、保护肝脏、预防龋齿、除臭等多种生理调节功能，对于某些免疫系统疾病，特别是对艾滋病也有良好的预防和治疗功效。茶多酚功效显著，机理明确，是一种非常理想的功能性原料，在保健食品行业、畜禽养殖行业、医药行业中得到了广泛应用。

二、生物碱

茶叶中的生物碱包括咖啡碱、可可碱和茶碱，其中以咖啡碱的含量最多，约占 2%~5%，其他含量甚微，所以茶叶中的生物碱含量常以测定咖啡碱的含量为代表。咖啡碱易溶于水，具有苦味，是形成茶叶滋味的重要物质。咖啡碱具有兴奋大脑和中枢神经，促进心脏机能亢进的作用。适量食用可以消除疲劳、驱赶睡意、使思维敏捷、提高学习效率、利尿、降脂减肥等。长期摄入咖啡碱，机体会对咖啡碱产生一定的耐受性，即降低对咖啡碱的敏感性。而不同人群对咖啡碱的敏感性本就有差异。对咖啡碱敏感的人群，不适宜在午后摄入过多的茶食或饮茶。部分人群饮（食）用咖啡碱过量，会扰乱胃液的正常分泌，影响食物消化，产生心慌、头晕、四肢乏力等症状，即"醉茶"。因此，可根据自身对咖啡碱的敏感性选择食茶或饮茶的合适时间及剂量。

咖啡碱安全摄入量需根据饮用者体重计算，健康成人每天不超过 6 毫克 / 千克；儿童为 2.5 毫克 / 千克。例如，体重 50 公斤的成年女士，每天摄入咖啡碱安全剂量为 300 毫克，相当于每天喝 2~5 杯茶（6~30 克）。体重 75 公斤的成年男士，每天可以喝

3~7 杯茶。7 岁以上儿童每天喝 1 克茶也在安全范围。

三、氨基酸

氨基酸是构成蛋白质的基本组分，氨基酸和蛋白质都是茶叶中含氮的化合物，氨基酸占茶叶干质量的 1%~5%。氨基酸具有很高的水溶解度，使茶汤具有明显的鲜爽甘甜的滋味，并抑制茶的苦涩滋味。茶叶中氨基酸的种类有茶氨酸、谷氨酸、天冬氨酸等25 种，其中茶氨酸的含量较高，占茶叶中氨基酸含量的一半，人体必需的氨基酸有 8 种，茶叶中含有 6 种。

氨基酸是人体所必需的营养成分，是构建细胞、修复组织的基础材料，和人体健康关系密切。茶氨酸具有多种保健功能，如抗肿瘤、保护脑神经细胞和心脑血管、增强记忆力、防治糖尿病、降血压、降血脂、松弛神经、增强机体免疫力等功能。此外，茶叶中含有的精氨酸、谷氨酸、天冬氨酸可以降低血氨，治疗肝昏迷；赖氨酸、蛋氨酸能调整或促进脂肪代谢，防止动脉粥样硬化等。

四、茶多糖

茶多糖是指茶叶中的水溶性多糖，含量为 0.5%~1.5%，在粗老茶中含量较高，主要为木糖、岩藻糖、葡萄糖、半乳糖等组成的复合多糖。具有降血糖、抗糖尿病、调节肠道菌群的功效。茶叶中的不溶性多糖包括淀粉、纤维素、半纤维素和木质素等物质，含量占茶叶干物质总量的 20% 以上，是衡量茶叶老嫩度的重要成分。茶叶嫩度高，多糖含量低；嫩度低，多糖含量高。茶多糖具有抗凝血、防辐射、抗肿瘤和增强人体免疫能力的功效。茶叶中几种多糖的复合物和茶叶脂质组分中的二苯胺还具有降血糖的功效。

五、蛋白质

茶叶中的蛋白质含量占干物质量的 20%~30%，能溶于水直接被利用的蛋白质含量仅占 1%~2%，所以茶叶水提物中蛋白质含量不是很高，这部分水溶性蛋白质是形成茶汤滋味的成分之一。以现有的冲泡方法饮茶，茶叶中的大部分蛋白质成分无法溶于水，就无法被人体吸收利用。但以茶食的方法就能很好地解决这个问题。茶食加工原料，以茶粉（抹茶蛋糕等）和全茶（茶膳等）的方式对茶叶中的营养物质进行利用，难溶性蛋白质可以通过茶食的方式摄入人体，在消化道中被逐步分解、吸收和利用。这对于茶叶营养成分的充分利用有积极的意义。

六、茶色素

茶叶中的色素包括脂溶性色素和水溶性色素两种，含量仅占茶叶干物质总量的 1% 左右。脂溶性色素不溶于水，有叶绿素和类胡萝卜素，叶绿素含量占茶叶干重的 0.3%~0.8%，类胡萝卜素含量占茶叶干重的 0.02%~0.1%。水溶性色素有黄酮类物质、花青素及茶多酚氧化产物茶黄素、茶红素和茶褐素等。脂溶性色素是形成干茶色泽和叶底色泽的主要成分。绿茶、干茶色泽和叶底的黄绿色，主要决定于叶绿素的总含量与叶绿素 a 和叶绿素 b 的组成比例。叶绿素 a 是深绿色，叶绿素 b 呈黄绿色，幼嫩芽叶中叶

茶食

绿素 b 含量较高，所以干茶多呈嫩黄或嫩绿色。脂溶性维生素不溶于水，饮茶时不能被直接吸收利用，但茶食的摄入可以帮助人体利用这部分脂溶性维生素。茶叶中脂溶性色素中，叶绿素对人体的保健功能多达几十项，主要具有加强机体的造血功能，有助于抵抗感染与促进皮肤再生的功能。茶叶中的胡萝卜素类是重要的维生素 A 源，在人体内均能表现出维生素 A 的生理作用。茶叶中的叶黄素具有抗氧化、抗癌、保护视网膜、预防心血管疾病等生物学功能。同时，茶色素作为一种天然食用色素，具有降低血黏度、双向调节血压血脂、抗动脉粥样硬化、抗脂质过氧化、增强免疫力、改善微循环、抑制实验性肿瘤等药理作用。

七、芳香物质

茶叶中的芳香物质是指茶叶中挥发性物质的总称。在茶叶化学成分的总含量中，芳香物质含量并不多，一般鲜叶中含 0.02%，绿茶中含 0.005%~0.02%，红茶中含 0.01%~0.03%。茶叶中芳香物质的含量虽不多，但其种类却很复杂。据分析，通常茶叶含有的芳香物质达 300 多种，鲜叶中香气成分化合物为 50 种左右；绿茶香气成分化合物达 100 种以上；红茶香气成分化合物达 300 种之多。组成茶叶芳香物质的主要成分有醇、酚、醛、酮、酸、酯、内酯类、含氮化合物、含硫化合物，碳氢化合物、氧化物等十多类。鲜叶中的芳香物质以醇类化合物为主，低沸点的青叶醇具有强烈的青草气，高沸点的沉香醇、苯乙醇等，具有清香、花香等特性。成品绿茶的芳香物质以醇类和吡嗪类的香气成分含量较多，吡嗪类香气成分多在绿茶加工的烘炒过程中形成。红茶香气成分以醇类、醛类、酮类、酯类等香气化合物为主，它们多是在红茶加工过程中氧化而成的。

大量的科学研究已表明，植物挥发物能够作为杀菌素抑制、抵抗病原微生物的入侵、生长、繁衍，起到净化空气的作用。茶叶产生的多种挥发物对人体有显著的医学效应：乌龙茶主要香气成分橙花叔醇和绿茶主要香气成分吲哚均能抑制链球菌的生长，吲哚还能杀死绿脓杆菌、产气肠杆菌和大肠杆菌；白茶主要香气成分——水杨酸甲酯对真菌、细菌具有毒性，可抑制微生物的生长，从而表现出抑菌作用；茶叶香气还对恢复人体疲劳有所帮助，研究表明，嗅闻摊放鲜叶及新制绿茶均能缓解人体疲劳，使人心情舒畅、精神愉悦。

八、维生素

茶叶中含有丰富的维生素类，其含量占干物质总量的 0.6%~1%。最早从茶叶中分离出的维生素是维生素 C，至今在茶叶中已发现的维生素有 16 种。维生素类分水溶性和脂溶性两类。不同的维生素含量不同，且具有不同的理化性质和生理作用。茶叶通过冲泡方式饮用丢弃了很多营养物质和功能成分，而吃茶食品能显著提高茶叶中维生素的利用率，更好地发挥茶叶的营养价值和健康功能。

水溶性维生素有维生素 B_1、维生素 B_2、维生素 B_3、维生素 B_5、维生素 B_{11}、维生素 C、维生素 P 和肌醇等。维生素 B5 的含量是 B 族中最高的，约占 B 族中含量的一半。它可以预防癞皮病等皮肤病。每 100 克干茶中约含 0.07 毫克维生素 B_1，比苹果高 6 倍，比西瓜高 2 倍多，比韭菜高 1 倍多，能维持神经、心脏和消化系统的正常功能。每 100 克干茶中约含 0.07 毫克维生素 B_2，能增进皮肤弹性和视网膜的正常。茶叶中的维生素 B_{11}（叶酸）可以参与人体核苷酸生物合成和脂肪代谢功能。茶叶中维生素 C 含量较高，高档名优绿茶含量更要高一些，一般每 100 克高级绿茶中含量可达250 毫克左右，最高的可达 500 毫克以上，比柠檬中的维 C 含量还高。可以防治维生素 C 缺乏病，增加机体抵抗力，促进伤口愈合。

脂溶性维生素有维生素 A、维生素 D、维生素 E 和维生素 K等。茶叶中维生素 A 含量较多。维生素 A 在维持视力、提高免疫功能、促进生长发育、抑制肿瘤生长、改善贫血等方面发挥着重要作用。维生素 D 在体内主要维持血钙平衡，促使骨骼、牙齿的矿化，减少肾脏对氨基酸的丢失，缺乏维生素 D 的婴幼儿易患佝偻病，成年人易患骨软化症。维生素 E 是一种抗氧化剂，能阻止人体中脂质的过氧化过程，具有抗衰老效应。维生素 K 能促进肝脏合成凝血素，还能帮助身体产生一种成骨素（血浆骨钙素）的蛋白质。维生素 E 可促进人体新陈代谢，增强抵抗力。脂溶性维生素不溶于水，饮茶时不能被直接吸收利用，但茶食的摄入可以帮助人体利用这部分脂溶性维生素。

九、碳水化合物

茶叶中碳水化合物约占干物质量的 25%~30%，但大多数是水不溶性的多糖类化合物，如淀粉、纤维素、半纤维素、木质素等，占总干物质量的 20% 以上；能被沸水泡出来的糖类数量较少，因此茶叶是一种低热量的饮料。茶叶中的糖类包括单糖、双糖和多糖三类。水溶性游离糖有单糖，包括葡萄糖、果糖、甘露糖等，含量为干物质量的 0.3%~1.0%；还有一些双糖如麦芽糖、蔗糖、乳糖、棉子糖等，含量为 0.5%~3.0%，这些单糖和双糖是茶汤中甜味的主要呈味物质，给茶叶带来甜爽甘美的口感。茶粉的应用能够充分利用茶叶的食物纤维素。食物纤维素被称为第七种营养素，膳食纤维具有特殊的保健功能，能够调节脂质代谢，有助于减肥，防治糖尿病；还具有调节肠道有益微生物的种群结构，预防便秘，减少对肠道的不良刺激，降低患肠癌的风险等功效。

十、有机酸

　　茶叶中有机酸种类较多，含量约为干物质的 3%。茶叶中的有机酸多为游离有机酸，如苹果酸、柠檬酸、琥珀酸、草酸等。在制茶过程中形成的有机酸，有棕榈酸、亚油酸、乙烯酸等。茶叶中的有机酸是香气的主要成分之一，现已发现茶叶香气成分中有机酸的种类达 25 种，有些有机酸本身虽无香气，但经氧化后转化为香气成分，如亚油酸等；有些有机酸是香气成分的良好吸附剂，如棕榈酸等。

十一、果胶

　　果胶是一类具有共同特性的寡糖和多聚糖的混合物，其主要成分是 D- 半乳糖醛酸，还含有部分中性糖组分，如鼠李糖、阿拉伯糖和半乳糖等。茶叶中的果胶等物质是糖的代谢产物，含量占干物质总量的 4% 左右，水溶性果胶是形成茶汤厚度和外形光泽度的主要成分之一。

　　发酵茶中水溶性果胶的含量较高，主要是发酵过程中微生物参与了水溶性物质的形成，增进茶汤的浓度和醇厚感，一方面是由于微生物作用产生的果胶酶将原果胶进一步分解，形成水溶性果胶；另一方面是由于高温湿热条件下，一系列热化学变化所致。果胶参与普洱茶滋味品质的形成，增加茶汤后味感，使其呈现出"醇""滑"的口感，是一种重要的呈味物质，而非发酵茶和半发酵茶含量较低。

十二、类脂类

茶叶中的类脂类物质包括脂肪、磷脂、甘油酯、糖脂和硫酯等，含量占干物质总量的 8% 左右。茶叶中的类脂类物质对形成茶叶香气有着积极的作用。类脂类物质在茶树体的原生质中，对进入细胞的物质渗透起着调节作用。

十三、无机化合物

茶叶中无机化合物占干物质的 3.5%~7.0%，分为水溶性和水不溶性两部分。已发现的无机矿物质元素（除碳、氢、氧、氮外）有 27 种，大多数为人体健康所必需的元素，对人体的营养和健康以及茶叶的品质有重要作用。

无机化合物经高温灼烧后的无机物质称为"灰分"。灰分中能溶于水的部分称为水溶性灰分，占总灰分的 50%~60%，是检验茶叶品质的指标之一。嫩度好的茶叶水溶性灰分较高，粗老茶、含梗多的茶叶总灰分含量高。目前，只有出口的茶叶才对灰分进行检验，一般要求总灰分含量不超过 6.5%。

科学合理食茶

　　茶叶对人体既有营养价值，又有药理作用，与人们的身体健康息息相关。正如宋代诗人苏轼所言："何须魏帝一丸药，且尽卢全七碗茶。"茶叶因此被誉为原子时代的饮料、21世纪的和平饮料。但是正如"金无足赤，人无完人"，茶叶中除了有利于人体健康的各种成分外，也含有一些对人身体不利的农药残留、重金属等物质，如果饮茶不当非但起不到健康保健作用，很可能还会引发或加重某些疾病。因此，健康饮茶应在保证茶叶质量的前提下学会正确的泡茶方法和科学的饮茶方法。

一、如何选购质优价美的茶叶

　　健康饮茶首先就要做到正确选择茶叶。中国的茶叶种类繁多，每种茶叶无论是在外观、香气或口感上，都有细微的差别，因而造就了中国茶叶的多样风貌。一般人们常将茶叶分为红、绿、黄、白、黑、青六大类。近年来由于普洱茶的保健功效日益得到人们的认同，喝普洱茶的消费者也是与日俱增。但是面对纷杂的茶叶市场，消费者如何才能买到品质优良同时又安全卫生的茶叶呢？

专业的茶叶鉴别需要掌握大量的茶叶知识，如各类茶叶的生产工艺、等级标准、价格行情，以及茶叶的审评、检验等方法。而对于一般的茶叶消费者来说，日常购茶只要能够掌握"一看、二闻、三品"这三步茶叶鉴别方法就可以对茶叶的品质进行一个初步的判断了。

1. 看

即通过观察茶叶的外形、色泽、整碎，判断该茶的质量等级、储存时间及出售价格是否合理。一般来说，好茶的外形应整齐划一，绿茶多为一芽一叶或一芽两叶，乌龙茶则多为壮硕的条索形或半球形，色泽油润有光泽。凡是茶叶条索不整齐，色泽枯哑无光泽度的茶叶多为低档茶叶或是往年的陈茶。

2. 闻

即通过闻干茶的香气和冲泡后的茶汤香气判断茶叶的质量优劣。好的茶叶闻起来应该具有该类茶叶的特有香气，无杂味，如红茶的甜香、绿茶的清香、乌龙茶的果香或花香以及黑茶的陈香等。如果闻到茶叶中掺杂有霉味、油味、辛辣味或其他味道，则说明茶叶受到了污染或者已经霉变，不能再饮用。

3. 品

通过对茶叶的冲泡品尝，感受茶叶的口感滋味。好的茶叶经冲泡后，汤色明亮，滋味纯正而鲜爽，刺激性强，富有收敛性。凡是口感苦涩、滋味寡淡的多为质量较差的茶叶。

二、因人而异选择茶叶

饮茶应讲究因人而异，对于身体健康的人，凡是初次或不经常喝茶，应该选择一些口味略微清淡的绿茶，如龙井、碧螺春、白毫银针等。老年人则以饮红茶、普洱茶为宜，也可间接饮一杯绿茶或花茶，但一定要注意茶汤不要过浓。

1. 适宜喝茶人群

糖尿病患者宜多饮茶：糖尿病患者因血糖过高，有口干口渴、身体乏力的症状。饮茶有降低血糖，止渴、增强体力的功效。

早晨起床后宜饮淡茶：经过一昼夜的新陈代谢，人体消耗大量的水分，血液的浓度会增大。饮一杯淡茶，不仅可以补充水分，还可以稀释血液，降低血压。

腹泻时宜多饮茶：腹泻时会使人脱水，多饮一些较浓的茶，对水分的吸收较快，同时也有杀菌止痢的作用。

吃油腻食物后宜饮茶：茶汁会和脂肪类食物形成乳浊液，有利于加快排入肠道，使胃部舒畅。

吃太咸的食物后宜饮茶：吃太咸的食物后饮茶，有利尿的效果，从而排出盐分。

大量出汗后宜饮茶：进行过量体力劳动，会引发大量排汗，这时饮茶能快速补充人体所需的水分，降低血液浓度，加速排泄体内废物，减轻肌肉酸痛，逐步消除疲劳。

辐射环境工作者宜喝茶：采矿工人、从事 X 射线透视的医生、电脑工作者、长时间看电视者和打印复印店的工作者宜饮茶，因为这一类工作的人会受到一定的辐射，而茶叶中的茶多酚具有抗辐射作用。

脑力劳动者和夜晚工作者宜饮茶：因为茶叶中含有咖啡碱等，有提神醒脑的作用。

讲演、说书和演唱等宜饮茶：长时间用嗓者常饮茶能够润喉，滋润声带，使发音清脆，也可以减轻咽喉充血肿胀，防止咽喉炎的发生。

2. 宜少饮茶人群

尽管喝茶对人体有很多好处，但喝茶并不是对所有的人有益，因为茶叶中含有鞣酸和咖啡碱，对患有某些疾病的人来说，却成为是利是弊的不确定因素。

（1）儿童

茶水对儿童健康是有益的。但每日饮量一般是 2~3 小杯（每杯用茶量为 0.5 克左右），尽量在白天饮用，茶汤要偏淡并温饮。越小的儿童越不能过量，更不要饮浓茶和凉茶。饮茶过多，会使儿童体内水分增多，加重其心肾负担。饮茶过浓，会使孩子过度兴奋，而使心跳加快、小便次数增多，并引起失眠。同时婴儿也不能饮用茶水，这是因为茶中的鞣酸在肠管内可与铁生成不溶性的鞣酸铁盐，不能被机体吸收利用。

（2）女性

女性饮茶应避"五期"：女性平时最好饮一般浓度的茶，但处在行经期、妊娠期、临产期、哺乳期、更年期的女性则不宜饮茶，更不能饮浓茶。

行经期：经血中含有比较高的血红蛋白、血浆蛋白和血色素，所以女性在经期或是经期过后要多吃含铁比较丰富的食物。而茶叶中含有鞣酸，它会妨碍肠黏膜对铁元素的吸收。

妊娠期：茶叶中富含咖啡碱，饮茶会加剧孕妇的心跳速度，增加其心、肾负担，不利于胎儿的健康发育。

临产期：这期间饮茶会因咖啡碱的作用而导致分娩时产妇无力，造成难产。

哺乳期：茶中的鞣酸被胃黏膜吸收，会影响奶汁的分泌，造成奶汁不足。此外，因为咖啡碱有兴奋的作用，导致母亲不能得到充分的睡眠，且乳汁中的咖啡碱进入婴儿体内，亦会使婴儿发生肠痉挛而啼哭。

更年期：女性 45 岁开始进入更年期，除了头晕、乏力，有时还会心跳过速，易感情冲动，并引起失眠等症状，常饮茶则会加重症状。

（3）老年人

老年饮茶贵在品：老年人饮茶不要过量。有饮茶习惯的老年人，每次饮茶最好不超过 30 毫升。由于老年人的心肺功能减退，若短期内大量饮茶，较多的水分进入人体的血液循环，会使血容量增加，加重心脏的负担。

（4）感冒发热人群

感冒患者发热时不宜饮茶：感冒患者发热是由于细菌、病毒感染或其他多种疾病引起的症状。这种病人，往往皮肤血管扩张，大量出汗，使病体内水分和电解质及营养物质消耗，引起口渴多饮。这时饮浓茶，会因为茶叶里茶碱成分会提高人体的温度，加剧发热。

（5）神经衰弱者

神经衰弱者饮茶要有选择，神经衰弱者不宜饮高级名优茶，因为这些茶的咖啡碱含量大，影响神经衰弱者的精神自我调控和睡眠质量。

（6）素食者和体瘦者

素食者和体瘦者宜少饮茶，茶中多酚类会阻碍人体对蛋白质的吸收，长久饮茶容易造成蛋白质吸收障碍，同时也会抑制人体对钙和 B 族维生素的吸收，因此太瘦或饮食缺乏蛋白质的人，最好不要长久或过量喝茶。

（7）溃疡患者

溃疡患者宜少饮茶，胃内有一种名叫磷酸二酯酶的物质，它能抑制胃壁细胞分泌胃酸，而茶叶中的茶碱能抑制磷酸二酯酶的活力，在其受到抑制后，胃壁细胞就会分泌大量胃酸，胃酸一多会影响溃疡面的愈合，加重病情，并使患者产生疼痛等症状。

（8）便秘患者

便秘患者不宜饮茶，茶叶中含有大量鞣酸，能减缓肠管蠕动，加重便秘。

（9）缺铁性贫血

缺铁性贫血患者不宜饮茶，因为茶叶中的鞣酸会使食物中的铁形成不被人体吸收的沉淀物，加重贫血症状。

（10）缺钙或骨折者

缺钙或骨折者不宜饮茶，因为茶叶中的生物碱类物质会抑制十二指肠对钙质的吸收，同时还能导致缺钙和骨质疏松，使骨折难以康复。

（11）低血糖患者

低血糖患者不能饮茶，因为茶中的儿茶素可以在短时间快速降低人体血液中的血糖含量，会加重病症。

（12）心血管病人

心血管病人饮茶需谨慎，心血管病患者不应饮高档茶，特别是大叶种等咖啡碱及多酚类含量高的茶，也不应喝浓茶和不足一周的新茶。

三、因时而异选择茶叶

从科学饮茶的角度而言，一年四季，气候变化不一，不但寒暑有别，而且干湿各异，在这种情况下，人的生理需求是各有不同的。因此，从人的生理需求出发，结合茶的品性特点，最好能做到四季不同择茶，使饮茶达到更高的境界。

1. 适合春季饮用的茶叶

严冬已经过去，气温回暖，大地回春，这时应饮些清香四溢的花茶。这种茶的特有风味，是其他茶无法相比的。有人说："品饮花茶，敞杯下饮，香气扑鼻；开杯即饮，满口生香；饮后空杯，留香不绝。"它有茶的味，又有花的香，能沁人肺腑，调节人的生理功能，驱寒去邪，去除胸中浊气，促进人体阳刚之气回升。

2. 适合夏季饮用的茶叶

在色彩属性中，色绿及味苦的属凉性，而绿茶由于含有多酚类物质，不常饮茶的人会感到绿茶的苦涩味较重，而且干茶和茶汤均呈绿色，所以绿茶是凉性的。因此，在天气炎热之时，饮上一杯晶莹碧翠的绿茶，能给人以清凉的感觉，起到降温消暑的效果。

3. 适合秋季饮用的茶叶

秋高气爽，饮上一杯属性平和的乌龙茶，不但具有红茶和绿茶的双重特色，而且更有其本身特有功能和韵味，不凉不热，香气馥郁。取红、绿两种茶的功效，既能消除盛夏浊热，又能恢复津液和神气。

4. 适合冬季饮用的茶叶

在色彩属性中，色红及味甜的属温性，而红茶的茶汤及叶底是红色，加上含多酚类物质相对较少，其糖分比绿茶高，因此滋味甘甜的红茶是温性的。在天气寒冷之时，饮杯味甘性温的红茶或将它调制成奶茶，可收生热暖胃之效。

四、正确冲泡茶叶

古人泡茶讲究"茶、水、器、火，四者相顾，缺一则废"。泡茶方法得当，茶叶色香味美，强身健体；泡茶方法不得当，茶汤色暗，茶味苦涩。更有甚者还会将茶叶中一些不利于身体健康的物质泡出。所以要想做到健康饮茶还要掌握正确冲泡茶叶的方法。

1. 泡茶用水的选择

陆羽在《茶经》中就品茗用水的选择认为"其水，用山水上，江水中，井水下"，即泡茶用水应以山水，也就是泉水为最好。并且专门讲到煮水应恰到好处，不老不嫩方能尽显茶之最佳口味。现代科学证明，陆羽的这种说法是有一定的科学依据的。泉水属于天然矿物质水，是以埋藏在天然矿物岩层地下的深层地下水为原水，经过自然的过滤，保留了原水中对人体有益的天然矿物质（偏硅酸、钙、镁、钾、硒等），而且种类丰富。但是并不是所有的矿泉水都适合用来泡茶。这是因为水中矿物质的含量过高反而会影响水质本身的口感，茶汤真正的味道势必受到水质的影响。只有那些具有低矿化度、弱碱性、偏硅酸、锶型的矿泉水，才是泡茶用水的最好选择。这是因为矿泉水中适量的矿化度可以起到维护人体液电解质平衡和促进人体排出毒素的作用；弱碱性的矿泉水则可以改善人们处于亚健康的酸性体质。经常用弱碱性的矿泉水泡茶可以使我们的酸性体质逐渐转变为弱碱性的体质；偏硅酸、锶型的矿泉水口感微甜，并且对人体心血管、骨骼生长等具有保健功能；所以用低矿化度、弱碱性、偏硅酸、锶型的矿泉水泡茶，茶香扑鼻，汤色清澈，滋味醇厚，还可起到预防保健的作用。日常泡茶也可选用自来水。但是因为自来水中含有很重的消毒剂味道，用来泡茶会影响到茶的汤色、香气和滋味，所以在泡茶前应将自来水存放在盛水的容器中，让水中的消毒剂（主要是氯）通过与空气接触进行挥发，这样再将其煮沸泡茶就可以降低甚至消除自来水的异味。

2. 泡茶器具的选用

市场上用来泡茶的茶具种类繁多，以材质划分主要有玻璃茶具、瓷器茶具、紫砂茶具、金属茶具等；以功能划分主要有泡茶的茶壶、品茶的茶杯等。泡茶切忌一具多用，因为每种茶都有自己独特的品质特点，只有选择合适的茶具才能泡出美味的茶饮。

3. 科学的冲泡方法

（1）茶水比

要想泡出一杯（壶）色、香、味、美，有利于身体健康的好茶，掌握并控制好茶叶的投放量是关键的因素。每次泡茶用多少茶叶主要是根据个人的体质特征、选用的茶具大小和饮茶者的饮用习惯而定。一般认为，冲泡绿茶、红茶及花茶时，茶水比例可掌握在 1∶50~1∶60 为宜，即每杯置茶 3 克左右，注入 150~200 毫升沸水；品饮普洱茶时，茶水比例一般为 1∶30~1∶40，即每壶置茶 5~10 克左右，注入 150~200 毫升水。在所有茶叶中，投茶量最多的是乌龙茶，茶叶体积约占壶容量的 2/3 左右。经常饮茶者，口感略重，置茶量可略高于标准；对于初次饮茶者或不经常饮茶者置茶量可酌情减少。总之，泡茶用量的多少，关键是要掌握好茶与水的比例，茶多水少，则味浓；茶少水多，则味淡。

（2）水温

泡茶水温的掌握，主要是因茶而异。茶叶愈嫩，冲泡水温越要低，茶叶粗老，冲泡水温则要高。一般名优绿茶宜用 80~90℃的开水冲泡，这样泡出的茶汤嫩绿明亮、滋味鲜爽，茶叶中所含的维生素 C 也不会被破坏。如果水温过高，茶汤容易变黄，滋味较苦；红茶、花茶以及乌龙茶，宜用正沸的开水冲泡。如果水温较低，茶叶中的有效成分不易渍出，会造成茶叶香气不易散发，茶味淡薄。

（3）冲泡次数

茶叶可以冲泡的次数与茶叶种类、泡茶水温、用茶量和饮茶习惯等都有关系。据测定，绿茶第一次冲泡时，可渍出50%~55%的可溶性物质；泡第二次时，能渍出30%左右，泡第三次能渍出10%左右，泡第四次时则所剩无几了，所以茶叶冲泡以三次为宜。当然茶叶冲泡的次数也是因茶而异，绿茶、花茶等芽茶类，茶水比大，冲泡三次后基本就没有什么香气味道了；而冲泡乌龙茶、普洱茶时，因为壶小茶叶量多，所以冲泡5~7次仍有余香。

（4）洗茶

为了保障茶饮的健康，饮用应该学会洗茶。即第一泡茶汤，不喝直接倒掉。洗茶可以去除茶叶中70%的残留农药，除非是有质量保障的有机茶和AA级绿色食品茶，因为在生产过程中不使用任何化学合成的农药、化肥和除草剂，所以也就不存在农药残留的问题，而且这类茶在市场上因为产量很少，只占到中国茶叶总产量的1%，所以售价自然不菲，因此也就不用洗茶，免得浪费。

另外，洗茶是为了醒发干茶，有助于后期茶汤香气和滋味的浸出。但需要注意的是，洗茶的水温不宜过高，且不易浸泡时间过长，一般以60℃左右的水温，注水后立即出汤即可；否则高温长时间浸泡，会将浸出速度较快的茶氨酸、咖啡碱等茶汁精华浸出而浪费。

五、科学的饮茶方法

1. 现泡现饮

饮茶应以现泡现饮为好。日常泡茶很多人喜欢将茶叶投放在杯或壶中，随泡随喝，有时上午没有喝完下午接着喝，更有甚者泡了一天的茶第二天还接着喝，这是极为不科学、不卫生的。这是因为茶叶在水中浸泡时间过长，不仅色泽沉暗、香气沉闷、滋味苦涩，而且一些不利于人身体健康的物质（如锌、铜、铬、氟等）会释出过量，累积超过卫生标准就会对人的身体产生影响。若是盛夏，过夜茶还会滋生大量细菌，饮后容易引起呕吐、腹泻等症状。

2. 饮茶适量

饮茶有益于健康，但不是饮茶越多越好。我国中医学研究证明，脾胃虚弱者，饮茶不利，应少饮或者不饮茶；脾胃强壮者，饮茶有利，可分多次饮用，强身健体。一般来说，成年人每天饮茶 5~10 克、分三次泡饮为好，夏季可适量增加。此外，不是所有时间都适合喝茶，一般来说，晨起可以用茶汤漱口，但不宜饮用浓茶；吃药不可用茶水送服，以免影响药效。总之只要选择了适合自己的茶叶，选用正确的冲泡方法，掌握科学的饮茶方法就可以达到强身健体、延年益寿的作用。

 茶食产品的开发

一、茶食产品的开发意义及原则

1. 茶食开发的社会经济意义

中国是茶的故乡，茶是健康饮品，茶文化博大精深、源远流长。茶食已有千年历史，近年来，茶与食品的现代创新融合大力发展。如何在现有资源优势的基础上，进一步发展壮大茶食产业，使茶食产业成为我国特色产业，对推动我国的经济和社会发展都具有重要意义。

我国茶食产业要实现可持续发展，需建立节约资源的生产系统，保护资源和环境；实施清洁生产，提高食物质量，增进人体健康；实现经济、生态和社会效益同步增长。中国茶食产业创新发展，目的是通过开发无污染的安全、优质、营养茶食产品，保护和改善生态环境，提高茶产品及食品质量，保护人民身体健康，促进国民经济和社会可持续发展。

2. 新产品开发的原则

茶食产品原料产地应符合食品产地生态环境质量标准，无污

染，病虫害合理防控，农药化肥规范使用。农作物种植、畜禽饲养、水产养殖及食品加工等必须符合茶食产品的生产操作规程。茶食产品必须符合食品质量和卫生标准。产品外包装必须符合国家食品标签通用标准，符合食品特定的包装、装潢和标签规定。

安全、营养、健康、味美、有文化内涵是茶食的特征。严格地讲，茶食发展需遵循可持续发展原则，茶食是按照特定生产方式生产的无污染的安全、优质、营养类食品。发展茶食产业，从保护、改善生态环境入手，以开发无污染食品为突破口，将保护环境、发展经济、增进人们健康紧密地结合起来，促成环境、资源、经济、社会发展的良性循环。无污染是指在茶食生产、加工过程中，通过严密监测、控制，防范农药残留、放射性物质、重金属、有害细菌等对食品生产各个环节的污染，以确保茶食产品的洁净。茶食的优质特性不仅包括产品的外表包装水平高，而且包括内在质量水准高；产品的内在质量又包括两方面：一是内在品质优良；二是营养价值和卫生安全指标高。

二、茶食开发的过程

1. 茶食新产品的含义

对新产品的定义可以从企业、市场和技术三个角度进行。对企业而言，第一次生产销售的产品都叫新产品；对市场来讲，只有第一次出现的产品才叫新产品；从技术方面看，在产品的原理、结构、功能和形式上发生了改变的产品叫新产品。市场营销意义上的新产品包括了前面三者的成分，但更注重消费者的感受与认同，它是从产品整体性概念的角度来定义的，包括：在生产销售方面，只要产品整体性概念中任何一部分的创新、改进，如在功能或形态上发生改变，与原来的产品产生差异，甚至只是产品从原有市场进入新的市场，都可视为新产品；在消费者方面，则是指能进入市场给消费者带来某种新的感受、提供新的利益或新的效用而被消费者认可的、相对新的或绝对新的产品，都叫新产品。

综合上述新产品的特征，新产品就是指采用新技术原理、新的设计、新的构思、新的材料而研制、生产的全新产品，或在功能、结构、材质、工艺等某一方面比原有产品有明显改进，从而显著提高了产品性能或扩大了使用功能，技术含量达到先进水平，经连续生产性能稳定可靠，有经济效益的产品。它既包括政府有关部门认定并在有效期内的新产品，也包括企业自行研制开发，未经政府有关部门认定，从投产之日起一年之内的新产品。它往往伴随着科技突破而出现，可以用来反映科技产出及对经济增长的直接贡献。

许多茶食产品在早期经过粗放的加工，只是能满足消费者的最基本的生理需求，随着新的加工技术及包装技术的发展，人们对茶食新产品的属性要求也越来越高，如对外观、营养、口感、质构等食品属性的要求。

新产品从不同角度或按照不同的标准有多种分类方法。按新产品新颖程度分类可分为全新新产品、换代新产品、改进新产品、仿制新产品、形成系列新产品、降低成本新产品和新牌子产品等。

全新新产品，指采用新原理、新材料及新技术制造出来的前所未有的产品。全新新产品是应用科学技术新成果的产物，它往往代表科学技术发展史上的一个新突破。它的出现，从研制到大批量生产，往往需要耗费大量的人力、物力和财力，这不是一般企业所能胜任的。因此它是企业在竞争中取胜的有力武器。例如，冻干茶多酚、微胶囊化茶香精、茶超微粉、常温保鲜绿茶、保质期较长的茶蛋糕等，就属于全新产品。它占新产品的比例为 10% 左右。

换代新产品，指在原有产品的基础上采用新材料、新工艺制造出的适应新用途、满足新需求的产品。它的开发难度较全新产品小，是企业进行新产品开发的重要形式，如碳酸型茶饮料、苹果汁发酵型茶醋，都为换代型新产品。

改进新产品，指在材料、构造、性能和包装等某一个方面或几个方面，对市场上现有产品进行改进，以提高质量或实现多样化，满足不同消费者需求的产品。它的开发难度不大，也是企业产品发展经常采用的形式，如异型瓶包装的茶饮料、抹茶水饺、茶粉面条等产品。改进和换代型新产品占新产品的 26% 左右。

仿制新产品，指对市场上已有的新产品在局部进行改进和创新，但保持基本原理和结构不变而仿制出来的产品。落后国家对先进国家已经投入市场的产品的仿制有利于填补其国内生产空白，提高企业的技术水平，如借鉴国外的速冻调理食品我国生产的速冻茶饮水果包、速冻茶等。在生产仿制新产品时，一定要注意知识产权的保护问题。此类产品约占新产品的 20% 左右。

形成系列型新产品，指在原有的产品大类中开发出新的品种、花色、规格等，从而与企业原有产品形成系列，扩大产品的目标市场，如工厂化生产的奶茶粉，开发出香芋味奶茶粉、多种包装的奶茶粉等。该类型产品占新产品的 26% 左右。

降低成本型新产品是指以较低的成本提供同样性能的新产品，主要是指企业利用新科技改进生产工艺或提高生产效率，削减原产品的成本，但保持原有功能不变的新产品。例如，茶肉食品罐头为马口铁易拉罐包装，但是采用复合塑料薄膜生产的软罐头则降低了生产成本而性能变化不大。这种新产品的比例为 11% 左右。

新牌子产品，即重新定位型新产品，指在对老产品实体微调的基础上改换产品的品牌和包装进入新的市场，带给消费者新的消费利益，使消费者得到新的满足的产品。一般多是主品牌的副品牌，是主产品的补充。例如，统一集团"统一冰红茶""小茗同学"茶饮料满足了消费者追求新颖、健康等的心理。这类新产品约占全部新产品的 7% 左右。

2. 茶食产品开发程序

产品开发的目的既是满足社会需要也是实现企业盈利，而开发新产品是一项十分复杂而风险又很大的工作。为了减少新产品的开发成本，取得良好的经济效益，必须按照科学的程序来进行新产品开发。

开发茶食新产品的程序因企业的性质、产品的复杂程度、技术要求及企业的研究与开发能力的差别而有所不同。因此，必须采取科学的态度和方法，在充分调查的基础上，为产品开发设计必要的程序，并对产品开发进行有效的管理。一般产品开发大致经过如下阶段：创新阶段、评估阶段、开发阶段及进行阶段。

3. 产品开发步骤

一般将开发过程分成几个步骤，其基本过程如下。新产品构思—构思筛选—新产品概念的形成—商业分析—新产品设计与试制—试销—商业化。

新产品构思是指新产品的设想或新产品的创意。企业要开发新产品，就必须重视寻找创造性的构思。从市场营销的观念出发，消费者需求是新产品构思的起点，企业应当有计划、有目的地通过对消费者的调查分析来了解消费者的基本要求。对竞争企业的密切注意有利于新产品构思。对竞争企业产品的详细分析也能帮助企业改进自己的产品。企业新产品开发机构的工作人员是产生新产品构思的中坚力量，上述各种人员的新构思，只有被这些工作人员所接受、理解，才能成为有效的新产品构思。这些人员一般都经过专业训练，具有相当的经验，在新产品构思方面具有一定的敏感性。但是，正是这种情况的存在，专业工作人员往往会产生"盲点现象"，固执地排斥任何与他们的设想不合的新构思，导致许多有价值的构思夭折。

构思筛选，将前一阶段收集的大量构思进行评估，研究其可行性，尽可能地发现和放弃错误的或不切实际的构思，以避免资金的浪费。一般分两步对构思进行筛选。第一步是初步筛选，首先根据企业目标和资源条件评价市场机会的大小，从而淘汰那些市场机会小或企业无力实现的构思；第二步是仔细筛选，即对剩下的构思利用加权平均评分等方法进行评价，筛选后得到企业所能接受的产品构思。在筛选阶段，应当注意避免两类错误：删减了有价值的新产品构思，保留了过多的无价值构思。

新产品概念的形成，产品概念是指企业从消费者角度对产品构思所做的详尽描述。企业必须根据消费者对产品的要求，将形成的产品构思开发成产品概念。通常，一种产品构思可以转化为许多种产品概念。新产品开发人员需要逐一研究这些新产品概念并进行选择、改良，对每一个产品概念，都需要进行市场定位，分析它可能与现有的哪些产品产生竞争，以便从中挑选出最好的产品概念。新产品概念是消费者对产品的期望。从逻辑学角度来看，产品构思与新产品概念的关系还是一个种概念与属概念的关系，产品构思的抽象程度较高，从产品构思向新产品概念的转化是抽象概念向具体概念的转化过程。

商业分析是指对新产品的销售额、成本和利润进行分析，如果能满足企业目标，那么该产品就可以进入产品的开发阶段。商业分析实际上在新产品开发过程中要多次进行。商业分析实质上是确认新产品的商业价值。当新产品概念已经形成，产品定位工作也已完成，新产品开发部门所掌握的材料进一步完善、具体，在此基础上，新产品开发部门应对新产品的销货量进行测算。此外，还需估算成本值，确定预期的损益平衡点、投资报酬以及未来的营销成本等。

新产品设计与试制，新产品构思经过一系列可行性论证后，就可以把产品概念交给企业的研发部门进行研制，开发成实际的产品实体。实体样品的生产必须经过设计、试验、再设计、再试验的反复过程，定型的产品样品还须经过功能测试和消费者测试，了解新产品的性能、消费者的接受程度等。最后要决定新产品的品牌、包装装潢、营销方案。这一过程是把产品构思转化为在技术上和商业上可行的产品，需要投入大量的资金。

试销，新产品开发出来后，一般要选择一定的目标市场进行试销，注意收集产品本身、消费者及中间商的有关信息，如新产品的目标市场情况、营销方案的合理性、产品设计、包装方面的缺陷、新产品销售趋势等，以便了解消费者对新产品的反应态度，并进一步估计市场，有针对性地改进产品，调整市场营销组合，并及早判断新产品的成效，使企业避免遭受更大的损失。值得注意的是，并不是所有新产品都必须经过试销，通常是选择性大的新产品需要进行试销，选择性小的新产品不一定试销。

商业化，如果新产品的试销取得成功，企业就可以将新产品大批量投产，推向市场。通过试销，最高管理层已掌握了足够的信息，产品也已进一步完善。

企业最后决定产品的商业化问题，即确定产品的生产规模，决定产品的投放时间、投放区域、投放的目标市场、投放的方式

（营销组合方案）。这是新产品开发的最后一个阶段。如在这一阶段新产品失败，不仅前六个阶段的努力付诸东流，且使企业蒙受重大损失。因此，普及、推广新产品开发程序知识是极其必要的。

三、食品产品的标准制定

食品是相对比较特殊的一种商品，直接影响到人们的身体健康，食品安全历来是人们特别关注的社会焦点之一。食品质量的高低或者说食品质量是否合格，取决于食品是否符合其所执行的标准，因而食品标准的质量水平对食品质量的好坏起到决定性的作用，看食品质量还要从标准开始。

我国现行食品质量标准分为国家标准、行业标准、地方标准和企业标准。每级产品标准对产品的质量、规格和检验方法都分别有明确规定。

国家标准是全国食品工业共同遵守的统一标准，由国务院标准化行政主管部门制定，其代号为"GB"头，分别为"国标"二字汉语拼音的第一个字母，包括强制性的国家标准和推荐性国家标准。例如，《食品安全国家标准 食品添加剂 茶多酚（又名维多酚）》（GB 1886.211—2016）是茶多酚的国家标准，《食品安全国家标准 保健食品》（GB 16740—2014）是保健食品的国家标准。对于有些食品，尤其是出口产品，国家还鼓励积极采用国际标准。国家推荐标准又称为非强制性标准或自愿性标准，是指生产、交换、使用等方面，通过经济手段或市场调节而自愿采用推荐性标准的一类标准，代号为"GB/T"头，如《茶饮料》（GB/T 21733—2008）、《茶水浸出物测定》（GB/T 8305—2013）均为现行的国家推荐性标准。

行业标准是针对没有国家标准而又需要在全国某个食品行业范围内统一的技术要求而制定的。行业标准由国务院有关行政主管部门制定，并报国务院标准化行政主管部门备案。在公布国家标准之后，该项行业标准即行废止。行业标准基本都是推荐标准，如《出口保健茶检验通则》（SN/T 0797—2016）；《进出口茶叶检疫规程》（SN/T 1490—2004）；《进出口茶叶包装检验方法》（SN/T 0912—2000）等。

　　地方标准是指对没有国家标准和行业标准而又需要在省、自治区、直辖市范围内统一的食品工业产品的安全、卫生要求而制定的。地方标准由省、自治区、直辖市标准化行政主管部门制定，并报国务院标准化行政主管部门和国务院有关行政主管部门备案。在公布国家标准或者行业标准之后，该项地方标准即行废止，如《食品安全地方标准奶茶粉》（DBS 15/001.1—2019）是奶茶粉的内蒙古自治区强制性地方标准，《食品安全地方标准 茶香型白酒》（DBS 52/022—2017）是茶香型白酒的贵州省强制性地方标准，《广东省食品安全地方标准 新会柑皮含茶制品》（DBS 44/010—2018），是柑皮含茶制品的广东省强制性地方标准。

　　企业标准是食品工业企业生产的食品没有国家标准和行业标准时所制定的，作为组织生产的依据。企业的产品标准须报当地政府标准化行政主管部门和有关行政主管部门备案。已有国家标准或行业标准的，国家鼓励企业制定严于或高于国家标准或行业标准的企业标准，在企业内部使用。企业标准代号为"Q"，即"企"字汉语拼音的第一个字母，如《调味茶》（Q/SYT0001S—2019）是安徽三义堂生物科技有限公司的调味茶产品的企业标准，《山帽凸牌茶叶（红茶、绿茶、白茶、黄茶）》（Q/SMT0001S—2020）为上饶市山帽凸农业有限公司生产的山帽凸牌茶叶的企业标准。

另外，按约束力不同，可将国家标准、行业标准分为强制性标准、推荐性标准和指导性技术文件三种。对于企业来说，强制性的各级标准必须执行，推荐性的各级标准可在质量技术监督部门的指导下执行，也可在符合强制性标准的基础上，制定不低于推荐性标准技术要求的企业标准，或者在没有适用的国家标准、行业标准、地方标准的前提下制定企业标准，并依法经备案手续后执行。

食品产品的质量标准若是执行企业标准，则应由食品加工专家来撰写，经审查合格后报当地技术监督部门批准备案。一般撰写标准的食品加工专家就是企业所依托的技术专家，这样便于企业将新产品开发做得更完善。

四、茶食新产品配方设计

凡食品，均由色泽、香气、口味、形态、营养、安全等诸多因素所组成，组成食品的主要原料、辅料等在食品中的最终含量或相对含量称为食品的配方。配方设计包括了以下几方面内容。

主体指标设计包括主体风味指标设计和主体状态指标设计。风味指标即食品的酸甜咸等指标，如大多数水果茶饮料、茶碳酸饮料等要求酸甜适口或微甜适口，干型茶酒类要求微酸爽口，茶面包蛋糕等要求微甜或甜味，茶肉罐头、茶香肠类熟食制品、茶粥、茶膳等要求咸味适度，茶酸辣白菜要酸辣适中、茶辣酱要辣味和咸味协调等。这些都是产品的主体风味，不能偏离了人们的饮食习惯。状态指标即食品的组织状态，如澄清型茶饮料应该澄清透明；浑浊型奶茶饮料应该均匀一致不分层；茶酒应该是无色透明；茶面包、蛋糕应该是柔软疏松的；茶果冻应该具有一定的弹性等。这些状态指标也要符合人们的心理习惯。

第一，主要配方成分设计，包括主体配方成分、辅助配方成分和特殊配方成分。主体配方成分主要是主体风味指标的成分，如甜味、酸味、咸味、辣味等。这些风味成分多数是人为加入食品中赋予产品风味的。

第二，辅助配方成分主要是有关食品的色、香、味的成分，这些成分有的是食品中本身具有的，无须添加，有的是发生损失而补加，有的是这些风味淡薄需要人为加入的。这些成分大都是我们常说的食品添加剂，即色素、香精、味精等。当然味道的调配也包括主体成分指标的风味补充，如补加甜味剂、酸味剂等，以降低生产成本。

第三，特殊配方成分，主要指品质改良所需的成分，食品保藏所需要的成分，功能食品的功能性成分，特殊人群食品所需要的特殊强化成分等。例如，三聚磷酸钠盐系列作为品质改良剂可以使碳酸茶饮料的泡沫丰富持久，碳酸氢钠作为发泡剂可使茶发酵面制品松软可口，增稠稳定剂可使浑浊饮料口感稠厚、使茶冰激凌状态稳定等。苯甲酸钠和山梨酸钾等可以增加茶食品的保藏性。

配方的表示，一般以各配料成分在最终食品总重量中的百分比来表示，如茶饮料类、茶酒类等液体状态的产品，因为这些产品可以最后进行定容。但是也有一些产品配方是以各配料成分占食品主要原料总重量的百分比，如茶香肠、茶酱牛肉、茶面包、茶蛋糕、茶挂面等，因为产品不能定容，所以一般以辅料占主料的百分比来表示了。若用实际重量来表示食品的配方，则必须有制造的食品的总量，即此配方是多少食品所需。例如，"每1000千克茶饮料用""配制1000千克茶饮料需"等。汤料产品的配方则应表明可冲饮的汤的量，固体饮料也要标明冲饮的倍数。

配方实验是配方设计的关键，即通过实验来确定配方的成分。一般中小型食品企业多是由聘请的食品加工技术人员来完成，大型企业可以由研发部来组织技术部门来完成。常用实验方法有单因素试验方法、正交试验方法。

单因素试验方法的使用，例如茶饮料加工中茶叶提取选择浸提时间分别为 5 分钟、10 分钟、15 分钟、20 分钟、25 分钟，浸提温度分别为 60℃、70℃、80℃、90℃、100℃，茶叶与水的比例分别设定为 1∶250、1∶200、1∶150、1∶100、1∶50，经过对不同组合实验得到的茶汁进行感官评审确定茶叶浸提的最适浸提温度、最适浸提时间和最佳料水比。

正交试验方法的使用，例如，茶果汁饮料加工中，以茶汁含量、原果汁含量、糖度、酸度、蜂蜜加量作为五个试验因素，其中茶汁含量设 1%、5%、10% 三个水平，原果汁含量设 4%、10%、16% 三个水平，糖含量设 10%、12%、14% 三个水平，酸含量设 0.28%、0.31%、0.34% 三个水平，蜂蜜添加量设 1%、2%、3% 三个水平。采用正交试验设计，以所获得的饮料的感官评分作为评价标准，来确定最佳饮料配方。

五、新产品开发过程中的信息需求

新产品的开发，一般要经过计划决策阶段（主要任务是进行市场预测，同时形成新产品开发设想）、设计阶段（主要任务是将新产品开发设想转化为技术上的可能性）、试制阶段（主要任务是将新产品在技术上的可能性转变成新产品的样品）、生产阶段（主要任务是将新产品投入生产，形成规模）和市场实现阶段（主要任务是将新产品引入市场，获取收益）。

1. 计划决策阶段的信息需求

计划决策阶段是重要的战略决策阶段，企业应该全面地调查分析社会的需要，并根据企业本身的条件和客观的竞争状况来决定企业究竟应该研制什么样的新产品。此阶段的信息需求主要包括以下几点。

政策法规信息、对国家颁布的相关产业和行业政策、优惠和鼓励措施以及政策走向等信息应有很透彻的了解和掌握。

市场信息主要包括消费者需求变化的动向以及影响市场需求变化的因素，如购买群体的变化、原材料供应情况等。利用市场信息是创新产品"适销对路"的前提。

技术信息主要包括相关技术在国内外发展情况、当前水平与未来趋势以及衡量本企业的技术在同类技术中的地位。依据技术信息，结合项目的进行，分析技术的形式、结构要素、基本技术原理，寻找开发或技术改造中的关键技术，确保项目的正常进行。

竞争信息包括竞争对手在技术水平、产品定价、促销战略、产品成本、生产工艺、销售额、知识产权管理等方面的信息以及潜在竞争对手的预测信息。

企业内部条件信息主要包括人员情况、技术水平、自然条件、生产能力、管理水平以及资金等。企业在实施产品创新时，必须首先对自身的实力做到心中有数，使新产品的开发先进度与本身的实力相匹配。

2. 设计阶段的信息需求

设计阶段的主要任务是通过设计构思，在技术上、经济上将社会的需要和用户的要求，从设想变成现实。设计完善与否，将直接影响产品的质量、成本、研制周期和销售服务。

此阶段的信息需求主要包括用户对产品性能、质量、外观、操作的要求，与产品有关的科技动态、设计标准、技术参数、资源状况、能源政策、环境保护法等。

3. 试制生产阶段的信息需求

产品的试制生产阶段是将产品开发设计阶段的成果转化为现实的生产力，生产全新的产品，以满足社会需要。其中样品试制的主要目的是考验产品结构、性能及主要工艺，验证与修正设计图纸，使产品设计基本定型，样品试制。

试制生产阶段的信息需求主要包括工艺的质量情况，原、辅材料等，也包括实际总成本，新产品的技术特点，新产品的试销情况等。在新产品试销过程中，要注意从产品的外观、品种、耐用性、方便性和安全性等方面搜集顾客对产品的评价、意见和要求，为企业完善产品性能，定出合理的产品价格，提高服务质量提供依据。

4. 市场实现阶段的信息需求

市场实现阶段是将创新产品推向市场为用户所接受。企业向市场推出的新产品成功与否，除了取决于市场需求、产品质量，还取决于市场营销策略，因此市场实现阶段的信息需求主要包括国内外先进的市场营销理论知识与方法、现代电子商务理论与方法、新产品的销售情况、用户的反馈意见等。

六、茶食标准体系

1. 茶食产地环境质量标准

茶食的原料必须产自良好的生态环境地域，以保证茶食最终产品的无污染、安全性。茶食原料产地的空气质量标准、农田灌溉水质标准、渔业水质标准、畜禽养殖用水标准和土壤环境质量标准的各项指标以及浓度限值、监测和评价方法均需符合相关法律法规的规定。

2. 茶食生产技术标准

茶食生产过程的控制是茶食质量控制的关键环节。茶食生产技术标准是茶食标准体系的核心，它包括茶食生产资料使用准则和茶食生产技术操作规程两部分。茶食生产资料使用准则是对生产茶食过程中物质投入的一个原则性规定，它包括生产茶食原料所使用的农药、肥料，食品添加剂、饲料添加剂、兽药和水产养殖药的使用准则，对允许、限制和禁止使用的生产资料及其使用方法、使用剂量、使用次数和休药期等做出了明确规定。

3. 茶食产品标准

该标准是衡量茶食最终产品质量的指标尺度。它虽然跟普通食品的国家标准一样，规定了食品的外观品质、营养品质和卫生品质等内容，但其卫生品质要求高于国家现行标准，主要表现在对农药残留和重金属的检测项目种类多、指标严。茶食产品标准反映了茶食生产、管理和质量控制的先进水平，突出了茶食产品无污染、安全的卫生品质。

4. 茶食包装标签标准

该标准规定了进行茶食产品包装时应遵循的原则，包装材料选用的范围、种类，包装上的标识内容等。要求产品包装从原料、产品制造、使用、回收和废弃的整个过程都应有利于食品安全和环境保护，包括包装材料的安全性、牢固性，节省资源、能源，减少或避免废弃物产生，易回收循环利用，可降解等具体要求和内容。茶食产品标签要求符合国家《食品标签通用标准》。

5. 茶食贮藏、运输标准

该项标准对茶食贮运的条件、方法、时间做出规定，以保证茶食在贮运过程中不遭受污染、不改变品质，并有利于环保、节能。

茶食其他相关标准包括"茶食生产资料"认定标准、"茶食生产基地"认定标准等，这些标准都是促进茶食质量控制管理的辅助标准。

以上六项标准对茶食产前、产中和产后全过程质量控制技术和指标做了全面的规定，构成了一个科学、完整的标准体系。

七、食品厂建厂试生产过程

1. 企业注册程序

注册在工商部门进行，经过预先核准企业名称、持工商行政管理部门出具的单位名称预先核准证明文件到卫生部门办理食品卫生许可证，再到环保部门办理建设项目环境影响评价文件审批，验资后，到工商部门办理营业执照，持营业执照到公安部门办理公章备案，到质监部门办理组织机构代码证，再到税务部门办理税务登记，最后到银行开户。

2. 食品卫生许可证办理方法

申请人应当向申请人所在地市场监督管理部门提交下列材料。

（1）食品经营许可申请书。

（2）与食品经营相适应的经营平面布局流程图（标注主要设备设施）。

（3）食品操作流程。

（4）保证食品安全的管理制度清单。

（5）负责人身份证（窗口复印，原件核查）。

（6）法定代表人的授权委托书。

（7）代理人的身份证（窗口复印，原件核查）。

（8）从业人员有效健康证（从事接触直接入口食品工作人员

提供）。

（9）利用自动售货设备从事食品销售的，申请人还应当提交自动售货设备的产品合格证明、具体放置地点，经营者名称、住所、联系方式、食品经营许可证的公示方法等材料。

（10）经营场所外设仓库提供仓库地址、面积、设备设施、储存条件等说明条件，并注明仓库详细地址。

（11）销售食品的网站、网页或网店主页标明经营者名称、地址、联系方式、《营业执照》《食品经营许可证》等信息公示具体位置的截屏图。

食品卫生许可证审批流程如图 11 所示。

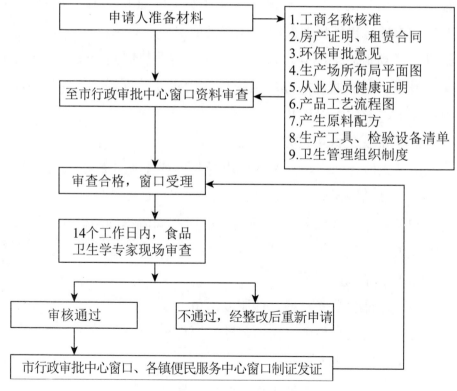

图 11　食品卫生许可证审批流程

（12）散装熟食生产单位（供货商）的资质证明材料（包括《食品生产许可证》、登记备案证明、《食品经营许可证》等）及食品经营者与散装熟食生产单位（供货商）之间的合作协议（合同或意向书）。

3. 产品标准的编写、审批、备案

食品新产品的标准由专业技术人员起草，经专家委员会审批报技术监督部门备案，具体程序如下。

（1）企业标准文本草案（电子版）。

（2）标准备案登记表3份。

（3）企业按标准组织生产检验能力审查表。

（4）产品质量检验报告（1份）。

（5）企业标准编制说明（1份）。

（6）企业标准内部审查意见书（1份）。

（7）企业相关证书（复印件）：营业执照、代码证书，食品卫生许可证。

4. 办理食品生产许可证（QS）

QS是"质量安全"（Quality Safety）的英文缩写，它是我国新近实施的食品质量安全标志。国家强制性规定，所有的食品生产企业必须经过检验，合格且在最小销售单元的食品包装上标注食品生产许可证编号并加印食品质量安全市场准入标志（"QS"标志）后才能出厂销售。目前，我国已在食品生产领域全面推行食品质量"QS"认证。食品生产加工企业按照地域管辖和分级管理的原则，到所在地的市（地）级质量技术监督部门提出办理食品生产许可证的申请，提交申请材料。所需资料及过程如下。

（1）填写《食品生产许可证申请书》（到所在市（地）质量技术监督部门领取）两份。

（2）企业营业执照、食品卫生许可证、企业代码证（复印件）一份。

（3）无需办理代码证书的，提供企业负责人身份证复印件一份。

（4）企业生产场所布局图一份。

（5）生产企业工艺流程图（标注有关键设备和参数）一份。

（6）企业质量管理文件一份。

（7）如产品执行企业标准，还应提供经质量技术监督部门备案的企业产品标准一份。

（8）申请表中规定应当提供的其他资料。

企业的书面材料合格后，按照食品生产许可证审查规则，企业要接受审查组对企业必备条件和出厂检验能力的现场审查。现场审查合格的企业，由审查组现场抽封样品。审查组或申请取证企业将样品送达指定的检验机构进行检验。经必备条件审查和发证检验合格而符合发证条件的，地方质量技监部门对审查报告进行审核，确认无误后，统一汇总材料在规定时间内报送国家市场监督管理总局。国家市场监督管理总局收到省级质量技监部门上报的符合发证条件的企业材料后，审核批准发证。

5. 产品试生产与试销售

根据产品标准、卫生许可证、QS 编号等资料印制食品产品的包装，进行产品生产和试销。产品试生产一般由技术依托单位根据产品小样放大，调整产品配方和工艺流程进行。试销后根据消费者的反映再进行微调整，最终确定产品生产技术方案。

八、茶食保健食品的生产

保健食品指表明具有特定保健功能，适宜于特定人群食用，具有调节机体功能，不以治疗疾病为目的的食品。凡声称具有保健功能的食品必须经卫计委审查确认。研制者应向所在地的省级卫生行政部门提出申请，经初审同意后，报卫计委审批。卫计委对审查合格的保健食品发给《保健食品批准证书》，批准文号为"卫食健字（）第号"。获得《保健食品批准证书》的食品准许使用卫计委规定的保健食品标志。

由于保健食品的特殊性，在生产保健食品前，食品生产企业必须向所在地的省级卫生行政部门提出申请，经省级卫生行政部门审查同意并在申请者的卫生许可证上加注"××保健食品"的许可项目后方可进行生产。按照国家《保健食品注册管理办法》的要求，主要有以下几个方面。

1. 国产保健食品申报

（1）保健食品注册申请表。

（2）申请人身份证复印件或营业执照复印件。

（3）提供申请注册的保健食品的通用名称与药品通用名称不重名的检索材料。

（4）产品品牌名为注册商标的应当提供商标注册证明文件。

（5）产品研发报告（包括研发思路，功能筛选过程，预期效果等）。

（6）产品配方（原料和辅料）及配方依据。原料和辅料的来源及使用的依据和质量标准。

（7）功效成分、含量及功效成分的检验方法。

（8）生产工艺简图及说明和有关的研究资料。

（9）产品质量标准（企业标准）及起草说明。

（10）直接接触产品的包装材料的配方及选择依据、质量标准。

（11）检验机构出具的检验报告，包括：①试验申请表；②检验单位的签收通知书；③安全性毒理学试验报告；④功能学试验报告；⑤兴奋剂检验报告（仅限于申报缓解体力疲劳、减肥、改善生长发育功能的注册申请）；⑥功效成分检测报告；⑦稳定性试验报告；⑧卫生学试验报告。

（12）产品标签、说明书样稿。

（13）其他有助于产品评审的资料。

（14）未启封的完整产品或样品小包装2件。

2. 保健食品生产企业卫生许可

（1）产品具有《保健食品批准证书》。

（2）产品配方中使用的各种原料符合卫生要求；产品配方、生产工艺、企业产品质量标准以及产品名称、标签、说明书等与卫计委或国家食品药品监督管理总局核准内容一致。

（3）生产条件及生产过程符合《保健食品良好生产规范》（GB 17405—1998）和相关卫生规范要求，并通过GMP审查合格。

（4）具有卫生管理制度、组织和经过专业培训的专（兼）职食品卫生管理人员。

（5）具有在工艺流程和生产加工过程中控制污染的条件和措施。

（6）生产用原辅材料、工具、设备、容器及包装材料符合卫生要求。

（7）能对产品进行必要的检测，能开展铅、砷、汞、菌落总数、大肠菌群检验。

（8）从业人员经过食品卫生知识培训，健康检查合格。

（9）委托加工的核准条件：委托生产加工的保健食品品种或种类必须与委托方和受委托方双方所持有的卫生许可证的卫生许可范围相一致，并通过订立委托加工合同以公证的形式明确双方食品卫生的责任及责任的期限；委托方必须具备保证委托生产加工食品的卫生安全保证体系和风险控制能力，并具备相应的产品检验能力；受委托方必须达到食品企业卫生规范的各项卫生要求，且取得保健食品生产企业 GMP 审查证书；受委托方不得将接收委托生产加工的保健食品再委托其他食品生产经营者生产加工。

（10）产品经省级卫生行政部门认定的检验机构检验合格。

（11）卫生行政部门规定的其他生产经营条件。

3. 国家对保健食品原料的要求

为了进一步规范保健食品原料的管理，也让广大群众和生产厂家更多地了解保健食品原料使用的规定，卫计委发布了《既是食品又是药品的物品名单》《可用于保健食品的物品名单》和《保健食品禁用物品名单》。

可用于保健食品的物品名单：人参、人参叶、人参果、三七、土茯苓、大蓟、女贞子、山茱萸、川牛膝、川贝母、川芎、马鹿胎、马鹿茸、马鹿骨、丹参、五加皮、五味子、升麻、天门冬、天麻、太子参、巴戟天、木香、木贼、牛蒡子、牛蒡根、车前子、车前草、北沙参、平贝母、玄参、生地黄、生何首乌、白及、白术、白芍、白豆蔻、石决明、石斛（需提供可使用证明）、地骨皮、当归、竹茹、红花、红景天、西洋参、吴茱萸、怀牛膝、杜仲、杜仲叶、沙苑子、牡丹皮、芦荟、苍术、补骨脂、诃子、赤芍、远志、麦门冬、龟甲、佩兰、侧柏叶、制大黄、制何首乌、刺五加、刺玫果、泽兰、泽泻、玫瑰花、玫瑰茄、知母、罗布麻、苦丁茶、金荞麦、金樱子、青皮、厚朴、厚朴花、姜黄、枳壳、枳实、柏子仁、珍珠、绞股蓝、葫芦巴、茜草、荤）、韭菜子、首乌藤、香附、骨碎补、党参、桑白皮、桑枝、浙贝母、益母草、积雪草、淫羊藿、菟丝子、野菊花、银杏叶、黄芪、湖北贝母、番泻叶、蛤蚧、越橘、槐实、蒲黄、蒺藜、蜂胶、酸角、墨旱莲、熟大黄、熟地黄、鳖甲。

保健食品禁用物品名单：八角莲、八里麻、千金子、土青木香、山莨菪、川乌、广防己、马桑叶、马钱子、六角莲、天仙子、巴豆、水银、长春花、甘遂、生天南星、生半夏、生白附子、生狼毒、白降丹、石蒜、关木通、农吉痢、夹竹桃、朱砂、米壳（罂粟壳）、红升丹、红豆杉、红茴香、红粉、羊角拗、羊踯躅、丽江山慈姑、京大戟、昆明山海棠、河豚、闹羊花、青娘虫、鱼藤、洋地黄、洋金花、牵牛子、砒石（白砒、红砒、砒霜）、草乌、香加皮（杠柳皮）、骆驼蓬、鬼臼、莽草、铁棒槌、铃兰、雪上一枝蒿、黄花夹竹桃、斑蝥、硫黄、雄黄、雷公藤、颠茄、藜芦、蟾酥。

4. 新资源食品

《新资源食品管理办法》已于 2006 年 12 月 26 日经卫生部部务会议讨论通过，现予以发布，自 2007 年 12 月 1 日起施行。该办法规定的新资源食品如下所示。

（1）在我国无食用习惯的动物、植物和微生物。

（2）从动物、植物、微生物中分离的在我国无食用习惯的食品原料。

（3）在食品加工过程中使用的微生物新品种。

（4）因采用新工艺生产导致原有成分或者结构发生改变的食

品原料。

新资源食品应当符合《中华人民共和国食品安全法》及有关法规、规章、标准的规定，对人体不得产生任何急性、亚急性、慢性或其他潜在性健康危害。在此基础上，国家鼓励对新资源食品的科学研究和开发。

新资源食品的申请、审批与生产。申请新资源食品的，应当向卫生部提交下列材料。

（1）新资源食品卫生行政许可申请表。

（2）研制报告和安全性研究报告。

（3）生产工艺简述和流程图。

（4）产品质量标准。

（5）国内外的研究利用情况和相关的安全性资料。

（6）产品标签及说明书。

（7）有助于评审的其他资料。

（8）另附未启封的产品样品 1 件或者原料 30 克。

卫生部制定和颁布新资源食品安全性评价规程、技术规范和标准，新资源食品专家评估委员会（以下简称评估委员会）负责新资源食品安全性评价工作，根据评估委员会的技术审查结论、现场审查结果等进行行政审查，做出是否批准作为新资源食品的决定。新资源食品生产企业应当向省级卫生行政部门申请卫生许可证，取得卫生许可证后方可生产。

参考文献

［1］宛晓春.茶叶生物化学［M］.北京：中国农业出版社，2003.

［2］杨晓萍.茶叶深加工与综合利用［M］.北京：中国轻工业出版社，2019.

［3］杨晓萍.功能性茶制品［M］.北京：化学工业出版社，2005.

［4］文连奎、张俊艳.食品新产品开发［M］.北京：化学工业出版社，2010.

［5］于观亭.中国茶膳［M］.北京：中国农业出版社，2003.

［6］于观亭.观亭说茶：茶饮 茶膳 茶疗［M］.太原：山西科学技术出版社，2014.

［7］陈文华.我国古代的茶会茶宴［J］.农业考古，2006（5）：160-163.

［8］郭志刚，金洪霞，赵建民.香茗入馔亦佳馐——古今茶膳饮食文化研究［J］.饮食文化研究，2006（3）：11.

［9］胡淑荣.从消费心理角度谈茶饮料市场的品牌现状［J］.福建茶叶，2018（12）：2.

［10］龙冬玲．抹茶戚风蛋糕加工工艺研究［J］．江苏调味副食品，2019（4）：4.

［11］罗龙新．国内外茶饮料发展现状和趋势［J］．中国茶叶，2019，41（1）：5.

［12］吕维新．茶食一词考［J］．茶叶通讯，2003（4）：2.

［13］毛晓峰．我国液体茶饮料的种类及工艺现状［J］．饮料工业，2020，23（6）：4.

［14］钱琰敏．中国首家茶宴秋萍茶宴［J］．食品与生活，2014（1）：2.

［15］石琳．新式茶饮消费者的消费心理与行为研究——基于消费者评价语的情感分析［J］．美食研究，2020，37（2）：7.

［16］宋振硕，杨军国，张磊，等．烘焙类茶食品的研究进展［J］．食品工业科技，2019，40（1）：5.

［17］王玉婷，邵秀芝，冀国强．茶多酚在水产品保鲜中应用的研究进展［J］．保鲜与加工，2010，10（6）：42-45.

［18］温晓菊，窦立耿．茶宴的传承与创新——全民饮茶日之"茶谣茶宴"的创制［J］．农业考古，2013（5）：3.

［19］温晓菊，宋蓓．中国古代茶食发展流变［J］．农业考古，2014（5）：7.

［20］文海涛，杨伟丽．茶面包的研制及其风味品质比较［J］．福建茶叶，2005（2）：2.

［21］吴树良．茶馔美食的源起与发展（一）［J］．茶叶机械杂志，2002（2）：3.

［22］吴树良．茶馔美食的源起与发展（二）［J］．茶叶机械杂志，2002（3）：3.

［23］杨楠，刘楚瑶，杨柳．茶氨酸的生理功能及在食品领域

的应用现状［J］.食品安全导刊，2020（12）：2.

　　［24］张清改.茶食加工制作历史初探［J］.四川旅游学院学报，2017（1）：4.

　　［25］尹军峰，许勇泉，张建勇，陈根生，王玉婉，冯智慧，傅燕青，邹纯，朱艳，黄飞.茶饮料与茶食品加工研究"十三五"进展及"十四五"发展方向［J］.中国茶叶，2021，43（10）：18-25.

项目策划：段向民
责任编辑：武　洋
责任印制：孙颖慧
封面设计：武爱听

图书在版编目（ＣＩＰ）数据

茶食 / 李金编著. -- 北京：中国旅游出版社，
2023.5

（中国茶文化精品文库 / 王金平，殷剑总主编）
ISBN 978-7-5032-6881-6

Ⅰ . ①茶… Ⅱ . ①李… Ⅲ . ①茶文化－中国 Ⅳ .
①TS971.21

中国版本图书馆CIP数据核字(2021)第271127号

书　　名：茶食

作　　者：李金　编著
出版发行：中国旅游出版社
　　　　　（北京静安东里6号　邮编：100028）
　　　　　http://www.cttp.net.cn　E-mail:cttp@mct.gov.cn
　　　　　营销中心电话：010-57377103，010-57377106
　　　　　读者服务部电话：010-57377107
排　　版：北京旅教文化传播有限公司
经　　销：全国各地新华书店
印　　刷：三河市灵山芝兰印刷有限公司
版　　次：2023 年 5 月第 1 版　2023 年 5 月第 1 次印刷
开　　本：720 毫米 ×970 毫米　1/16
印　　张：14.25
字　　数：159 千
定　　价：59.80 元
ＩＳＢＮ　978-7-5032-6881-6
